Bibliografische Information der Deutschen Nationalbibliothek:

Die Deutsche Bibliothek verzeichnet diese Publikation in der Deutschen National-
bibliografie; detaillierte bibliografische Daten sind im Internet über http://dnb.d-
nb.de/ abrufbar.

Impressum:

Copyright © 2017 GRIN Verlag, Open Publishing GmbH
Druck und Bindung: Books on Demand GmbH, Norderstedt Germany
ISBN: 9783668485846

Dieses Buch bei GRIN:

http://www.grin.com/de/e-book/372076/segelformen-und-geschwindigkeitsschich-
tung-zur-analyse-einfacher-fluegelformen

Michael Dienst

Segelformen und Geschwindigkeitsschichtung. Zur Analyse einfacher Flügelformen

GRIN Verlag

Segelformen und Geschwindigkeitsschichtung
Zur Analyse einfacher Flügelformen

BIONIC RESEARCH UNIT der Beuth Hochschule Berlin
Michael Dienst
Berlin im Juni 2017

Für Untersuchungen an Segelyachten ist die atmosphärische Windgeschwindigkeit nur eine Komponente des vektoriellen Windes, der das Rigg einer Yacht beaufschlagt. Die Eigenschaften der Oberflächenwinde sind für den Segler bzw. die Seglerin, von hoher Bedeutung und unverwechselbar. Insbesondere der vertikale Gradient des bodennahen Windes hat Einfluss auf die Leistungsentwicklung unterschiedlicher Segelformen. Variationen der polynesischen Krabbenscherensegel werden auf 2000 bis 2700 Jahre vor unserer Zeitrechnung datiert. Hinsichtlich ihrer Leistungsfähigkeit stehen die polynesischen Konstruktionen einer modernen Yacht aber keineswegs nach und dieser Umstand erklärt letztlich, wie es den Polynesiern gelang, ihre Seefahrten von West nach Ost zwischen den Wendekreisen durchzuführen. In dieser Studie werden polynesische und westliche Segelformen hinsichtlich ihrer Querkraftentwicklung und Widerstandsgebarens untersucht.

POLYNESIEN

Als die ersten Europäer den Pazifik erreichen, haben die Polynesier längst alle bewohnbaren Inseln ihres "Siedlungsraumes" von fünfzig Millionen Quadratkilometer erkundet und dieses gewaltige Dreieck von Hawaii im Norden nach Neuseeland im Südwesten und bis hin zur Oster-Insel im Südosten sicher befahren. Sicher im Sinne von Heimkehrvermögen. Die Polynesier kennen zu dieser Zeit keine Navigation der Art, mit deren Hilfe die Westler ihre großen Fahrten begonnen hatten. Ohne Kompass, Sextant und Chronometer segeln sie auf dem größten Ozean des Globus über Tausende von Seemeilen. Die Polynesier lieben die See mehr als das Land und offenbar zeichnen sie sich durch eine große Abenteuer- und Wanderlust aus, sind sie doch mit dem Meer auf das Engste vertraut. Ihre hervorragende Beobachtungsgabe und Erinnerungsvermögen, ihr Takt- und Zeitgefühl verhelfen ihnen zu einer genauen Kenntnis der See und ihrer Strömungen, der Wettererscheinungen und vor allem der Winde. Darüber hinaus haben sie ein beachtliches Gespür für die jeweils richtigen Verhaltensweisen an Bord. Die polynesische Navigation ist nachweisbar älter als unsere Zeitrechnung, also beim Zusammentreffen mit den Europäern schon über 1500 Jahre alt. Das über die Generationen getragene Wissen muss robuster und stabiler und in diesem Sinne erfolgreicher sein als die zu diesem Zeitpunkt in Europa herrschende Entwicklungsstufe, sonst hätten die Polynesier nie ein fernes Land über die gewaltigen Weiten der Meere besiedelt. Nur wenn sich das bestehende Gesellschaftssystem über Jahrhunderte nicht ändert, können sich maritime Technik wie die seegängigen Zweirumpfboote und Techniken wie die Navigation der Polynesier vervollkommnen. Zeigen sich in den kulturellen Gebräuchen und Riten der polynesischen Inselwelt durchaus enorme Unterschiede, so kann eine übergeordnete Zusammengehörigkeit auf der Ebene der maritimen Technik angenommen und gezeigt werden, dass alle polynesischen Inselgruppen einst von Menschen des gleichen Kulturkreises bewohnt wurden. Von ihrem südostasiatischen Ursprungsland kommend besiedelten die Polynesier die Fidschi-Inseln um etwa 1300 v.Chr., zweihundert Jahre später erreichten sie Tonga, Santa Cruz und Samoa, nach Osten hin Tahiti, die Cook- und die Tuamotu-Inseln. Vor etwa 1500 Jahren wird Neuseeland von den Polynesiern entdeckt und besiedelt.

Es sind neben den Navigationstechniken natürlich die hoch entwickelten Konstruktionen der polynesischen Seefahrzeuge, die uns faszinieren und an dieser Stelle interessieren sollen. Als ein entscheidender Faktor für die ausgeprägte Mobilität der Südseebewohner dürfen die regulären Windsysteme angesehen werden, denn diese scheinen in unmittelbarer Wechsel- beziehungen zu den Segelformen, dem Auslegersystem und der besonderen Bauart der der Doppelrumpfsegelboote zu stehen. Hatte die polynesische Schifffahrt ihre Grundlage in einer vollendeten Segelkunst, so ist das Geheimnis dieser Kunst aber in der dreieckigen und fächerförmig gespreizten Längsschiffbesegelung (crabs claw sail, Krabbenscheren-Rigg) der polynesischen Fahrzeuge zu suchen. Als der holländische Seefahrer und Entdecker Abel Tasman[1] (*1603, †1659) im Jahre 1642 als erster Europäer Neuseeland erreicht, war die Technik der Proas durch mündliche Überlieferung und Werk schon seit Jahrtausenden entwickelt und etabliert. Variationen der Krabbenscherensegel (Fundorte an der Westküste Perus) werden auf 2000 bis 2700 Jahre vor unserer Zeitrechnung datiert. Entgegen unseren modernen (slup-getakelten, Marconi-) Segeln[2] strebt hier die größte Breite der Segelfläche (der CC-Riggs) von Deck weg und ist in eine obere Region verlegt. Bedenkt man, dass die Windgeschwindigkeit mit der Höhe über dem Wasserspiegel rasch wächst, so darf diese Segelform als äußerst effizient gelten. Entscheidend ist dabei, dass man mit dem Längsschiffsegel hart an den Wind gehen kann, bis zu 45 Grad. Die polynesischen Konstruktionen stehen damit einer modernen Yacht also keineswegs nach. Die Reisen der Polynesier führten zum Austausch von Waren und Informationen in einem riesigen Inselreich und zu Verschlagungen tausende Seemeilen darüber hinaus. Die Geschichte des Handels ist

---

[1] Abel Janszoon Tasman (* 1603 in Groningen; † 10. 10. 1659 in Batavia, Java) war niederländischer Seefahrer. Auf seinen Entdeckungsreisen umsegelte er den australischen Kontinent und erreichte am 13.12.1642 als erster Europäer Neuseeland. Nach Tasman sind die australische Insel Tasmanien (zuvor *Van Diemen's Land*), die Tasman-Halbinsel(AU), die Tasmansee zwischen Australien und Neuseeland und die Tasman Bay (NZ) benannt.

[2] Marconi-Rigg: Im Yachtsport wurde der Übergang von der Gaffeltakelung, insbesondere vom Steilgaffelrigg, zur Hochtakelung zu Beginn des 20. Jahrhunderts eingeleitet. Der Brite Charles E. Nicholson erprobte 1912 erfolgreich auf der Yacht *Istria* eine durchgehende, ungeteilte Trastkonstruktion, an der oberhalb des Gaffelsegels ein weiterhin vorhandenes Toppsegel direkt, ohne weitere Spiere, angeschlagen war. Sein hohes Marconi-Rigg war nach den Telegrafenmasten der Marconi Company benannt. Aus: https://de.wikipedia.org/wiki/Hochtakelung

zugleich die Geschichte der Ausbreitung von Wissen über die Technik und des prozedualen Technologiewissens zum Bau der segelfahrzeuge.

RIGGs

Die Aerodynamik der Segel ist für konventionelle Yachten gut verstanden. Die einschlägige Literatur ist reich an theoretischen Erklärungsmodellen, Berechnungen und Messungen an maßstäblichen Modellen oder realen Yachten. Dem soll dieser Aufsatz nichts hinzufügen.
Ganz anders ist die Informationssituation über die Strömungswirklichkeit unkonventioneller Besegelungsformen. Das Rigg der traditionellen Segelkanus Ozeaniens gehört zum Stand der Wissenschaft über Segelfahrzeuge; ich habe aber bislang nie erlebt, dass in einer Veröffentlichung oder einer Patentschrift ein polynesisches Segel als „Entgegenhaltung einer Erfindung" angeführt oder als Stand der Technik zitiert wurde. In der Vergangenheit und auch heute - in Zeiten priorisiert anwendungsbezogener Forschung (nicht nur) im Hochschulbereich - ist das Interesse an polynesischer maritimer Technik, an Doppelrumpfbooten, an Sprit- und Cat-Paw-Segeln und an Krabbenscheren-Riggs nicht sonderlich groß. Es steht auch nicht zu erwarten, dass die Beschäftigung mit solcherart Exoten Einfluss nehmen könnte auf die herrschenden Gestaltungsparadigmen im rezenten Boots- und Yachtdesign.
Doch es gibt und gab Ausnahmen. Czeslaw A. Marchaj[3] war in jungen Jahren polnischer Meister in der olympischen Finn-Klasse, studierte Ingenieurwissenschaften in Warschau, war Research Fellow in der Abteilung für Luft- und Raumfahrt an der Universität Southampton und später Professor für Aerodynamik und Hydromechanik der Segelboote und Yachten. Seine Publikationen wie „Sailing Theorie und Praxis" geschrieben in der Mitte der 1960er Jahren, gefolgt von „Aero-Hydrodynamik des Segelns" (1988), „Seetüchtigkeit: Die vergessene Factor" (1986) und „Sail Performance: Techniken zur Maximierung der Sail Power" (2010) sind Klassiker im Segelsport und in der Segelforschung; Marchaj war Member of the Royal Institute of Naval Architects (RINA)[4] und Träger der Silver Medal of The International Sailing Federation (ISAF)[5]. Er galt zu Lebzeiten als oberste Instanz im Yachtdesign. Über einen größeren Zeitraum galt seine besondere Aufmerksamkeit der Optimierung von Segelriggs. Anders als nicht wenige seiner Zeitgenossen, bewahrte er immer einen objektiven Überblick hinsichtlich konkurrierender Rigg-Konstruktionen und so ist es letztlich Marchaj zu verdanken, dass das Krabbenscherensegel der polynesischen Segelproa den Weg aus der Vergessenheit heraus nahm und wieder zum Gegenstand lebhafter Diskussionen unter Seglern und Yachtkonstrukteuren wurde. Marchaj behauptete – und somit kommen wir zum Kern des oftmals kontroversen Dialogs - und konnte anhand

---

[3] Czesław Antony Marchaj (9 July 1918 – 21 July 2015), often known in the West as C.A. Marchaj or Tony Marchaj, was a Polish-British yachtsman and professor whose published scientific studies of the aerodynamics and hydrodynamics of sailing boats have been hugely influential on yacht, sail and rig designers. Siehe auch:
https://en.wikipedia.org/wiki/Czes%C5%82aw_Marchaj
[2] http://www.rina.org.uk
[5] http://www.sailing.org/about/isaf/awards/medals.php

eigener Messungen zeigen, dass Krabbenscherennsegel nicht nur leistungsfähiger waren als die Segelkonstruktionen der Westler/Entdecker damaliger Zeit, sondern dass unter bestimmten Voraussetzungen dies auch für moderne, rezente Riggs (vom Stand der Technik) zutrifft (Marchaj 2003, S:161).

Erst in jüngerer Zeit wurden theoretische Erklärungen der physikalischen Wirkungsweise und messtechnische Untersuchungen zur Leistungsermittlung der Krabbenscherensegel unternommen. Die Ergebnisse der Forschung[6] legen den Schluss nahe, dass von einem erheblichen Leistungs- und Effizienzpotential der CC-Riggs ausgegangen werden muss. Allerdings gehen die Akteure der rezenten Forschung nahezu ausschließlich von der Interpretation des Krabbenscheren-Riggs als "Delta-Tragfläche" aus. Dies trifft sicherlich für eine ganz bestimmte Betriebsart dieser Segel zu (geneigt liegende Dreiecksform, am Wind gefahren). In historischen Überlieferungen, Zeichnungen, Graphiken und Stichen wird aber häufig auch die aufrecht stehende Dreiecksform der Krabbenscherensegel im Betrieb, am Wind und vor dem Wind gefahren, wiedergegeben und in Versuchsfahrten mit rezenten Repliken bestätigt.

Vor dem Hintergrund der historischen Überlieferungen und der rezenten Beschäftigung mit Krabbenscheren-Riggs ist die erneute Auseinandersetzung mit den physikalischen Wirkprinzipien, der Konstruktion und der experimentellen und numerischen Beschreibung der Strömungswirklichkeit dieses Segels erforderlich. Der vorliegende Aufsatz geht der Frage nach, welchen grundsätzlichen Einfluss die Geschwindigkeitsschichtung der Bodennahen Strömung vor dem Hintergrund der Form eines Riggs, auf seine Leistungsentwicklung hat. Die Untersuchung zielt hier speziell auf die Strömungswirklichkeit kleinerer Einheiten.

WIND

Originäre Ursache für Wind ist die Strahlungsenergie der Sonne. Auf der kugelförmigen Gestalt unserer Erde herrscht eine ungleiche Einstrahlungsverteilung und die unterschiedlichen Wärmekapazitäten des Bodens, die Tageszeit und das herrschende Wetter nehmen Einfluss auf die Wärmeverteilung nahe der Erdoberfläche und der atmosphärischen Luftmassenschicht. Die aus der Wärmeverteilung resultierenden Druckgradienten führen zu Ausgleichsbewegungen der Luft; diese Konvektion von Luftteilchen wird als Euler-Wind bezeichnet. Im rotierenden Bezugssystem Erde wirken Zentrifugalkräfte und es treten zusätzlich Corioliskräfte (Trägheit~) auf, die die Strömung entlang der Rotationsrichtung ablenken: der geostrophische Wind. Die Windgeschwindigkeit sinkt mit abnehmender Höhe. Zwischen zwei aneinander grenzenden Luftschichten wirken aufgrund innerer Reibung und unterschiedlicher Geschwindigkeiten Scherkräfte, aus denen Schubspannungen

---

[6] Maritime Technik im pazifischen Raum: Gladwin (1970), Lewis (1972), Thomas (1987); Kanubau ebendort: Damon (2000), George (1998) Tilley (2002), experimentelle Rekonstruktion und Segeln in traditionellen Kanus (Finney, (2003), Lewis (1972) Thomas (1987), Messungen zu Leistung auf See Doran (1972) Finney (1977) und in Computersimulationen (Gutachten, Montenegro und Weaver 2008; Di Piazza Di Piazza und Pearthree (2007); Evans (2008); Irwin, Bickler und Quirke (1990) Levison, Ward und Webb (1973).

resultieren. Die atmosphärische Grenzschicht wiederum kann in die Ekman-Schicht und die bodennahe Grenzschicht (Prandtl-Schicht) unterteilt werden, deren Eigenschaften maßgeblich von der Bodenbeschaffenheit sowie dem vertikalen Temperaturprofil bestimmt ist.

Bei Wind findet das Segeln auf der Wasseroberfläche statt. Die Eigenschaften der Oberflächenwinde (in der Prandtl-Schicht) sind für den Segler, die Seglerin, unverwechselbar. Der Wind nimmt entweder die eine oder andere zweier Grundformen an, die Bethwaite[7] als „leichten Zug und Brise" unterscheidet. Auf diese sympathische Differenzierung möchte ich hier kurz eingehen. Ein leichter Zug bezeichnet Strömungen mit Geschwindigkeiten von 1-3 Knoten[8], die Brise Geschwindigkeiten von 4-6 Knoten, die leichte und frische Brise bis 20 kn. Die Grundmuster des leichten Winds sind „stetig, unstetig, böig, schwankend, oszillierend und streifenförmig verteilt". Die Grundmuster der Brise sind „stetig, wandernd, böig, konvergent steif, streifenförmig". Für leichte Winde ist charakteristisch, dass die Strömungsgeschwindigkeit nahe der Oberfläche annähernd null erreicht. Bei zunehmender Höhe erreicht der leichte Wind seine (Nenn-) Strömungsgeschwindigkeit von 4kn bei einer Höhe von zehn Metern Bodenabstand. Die Windschichtung bewirkt, dass beispielsweise ein Segelboot mit ungefähr zwei Knoten vor einem Wind herläuft, der mit einer Strömungsgeschwindigkeit von vier Knoten am Masttopp weht. Der Seglerin erscheint der Fahrtwind als von „vorn" kommend und der Raucher an Bord sieht die Strömung nach achteraus wehen. Ein Fähnchen im Masttopp zeigt den scheinbaren Wind hingegen von achtern kommend. Ursache dieser Gemengelage ist die Windschichtung und der Umstand des „leichten Zugs". Auf einem schnellen Schiff sollte man also bei leichtem Wind nicht voreilig den Spinnaker setzen. Es sei denn, dem erfahrenen Segler ist die Szene in Erinnerung als ein – zum Entsetzen der restliche Crew - ins Kielwasser geworfener Treib-Eimer das Spinnaker-Problem löste. Bethwaite bezeichnet einen Wind dann als Brise, wenn dieser die Eigenschaften einer turbulenten Grenzschicht aufweist, also die Fluidbewegungen (überall) ungleichmäßig sind, die Strömungsgeschwindigkeit in Bodennähe fast so hoch ist, wie in den darüber liegenden Schichten und wenn neben der Vertikalschichtung auch horizontale Fluktuationen registriert werden. Mit ihren charakteristischen Strömungsgeschwindigkeiten von fünf Knoten und darüber bildet sich in der Brise also kein so ausgeprägt, gekrümmtes Geschwindigkeitsprofil heraus wie bei einem leichten Wind. Die vorteilhafteste

---

[7] Frank Dewar Bethwaite OAM (* 26. Mai 1920 in Wanganui, Neuseeland; † 12. Mai 2012) war Konstrukteur von Segeljollen. Frank Bethwaite hat mit seinen Büchern *High Performance Sailing* und der Fortsetzung *Higher Performance Sailing* Grundlagenwerke zum leistungsorientierten Segeln geschaffen. Zu seinen Konstruktionen gehören der Tasar und der Laser II.

[8] Aus der Grundformel der Physik für die Geschwindigkeit "Geschwindigkeit = Weg/Zeit" kann die Fahrt durchs Wasser eines Fahrzeugs bestimmt werden:
Geschwindigkeit [kn] = Anzahl der Meridiantertien [mtr]/gemessene Zeit [s]
60 Bogensekunden entsprechen einer Bogenminute, damit einer Seemeile (1 Seemeile = 1852 m, auf ganze Meter gerundet, nach DIN keine gesetzliche Maßeinheit). Ein Knoten ist die Geschwindigkeit von 1 Seemeile pro Stunde.

$$1 \text{ Meridiantertie [mtr]} = 1 \text{ Sekunde [s]} * 1 \text{ Knoten [kn]}$$
$$= 1 \text{ Sekunde [s]} * 1852 \text{ m} / 3600 \text{ s}$$
$$= 0.51444444 \text{ m1}$$
$$1 \text{ Knoten [kn]} = 1 \text{ Meridiantertie [mtr]} / 1 \text{ Sekunde [s]} = 0,514 \text{ m/s.}$$

Segeltechnik in leichten Winden unterscheidet sich daher recht stark von der, die die besten Erfolge bei stärkeren Winden verspricht.

Die Angaben der Windgeschwindigkeiten des Deutschen Wetterdienstes beziehen sich auf eine Normhöhe von zehn Metern (Nennhöhe) und werden in den Medien mit Einheiten nach der so genannten Beaufort-Skala veröffentlicht. Bei einer angesagten Windgeschwindigkeit von Bft 5 sind wir also mit einer frischen Brise unterwegs, mögen es ca. 20 kn oder 10 m/s sein. Die gewöhlten Zahlen lassen sich natürlich auch besonders gut mit Bordwerkzeug bearbeiten.

Beaufort-Skala der Windgeschwindigkeiten				
		WINDGESCHWINDIGKEIT		
Bft	Erläuterung	kn	m/s	km/h
0	Windstille, Flaute	0 – <1	0,0 – <0,3	0 – 1
1	leiser Zug	1 – <4	0,3 – <1,6	1 – 5
2	leichte Brise	4 – <7	1,6 – <3,4	6 – 11
3	schwache Brise	7 – <11	3,4 – <5,5	12 – 19
4	mäßige Brise	11 – <16	5,5 – <8,0	20 – 28
5	frische Brise	16 – <22	8,0 – <10,8	29 – 38
6	starker Wind	22 – <28	10,8 – <13,9	39 – 49
7	steifer Wind	28 – <34	13,9 – <17,2	50 – 61
8	stürmischer Wind	34 – <41	17,2 – <20,8	62 – 74
9	Sturm	41 – <48	20,8 – <24,5	75 – 88
10	schwerer Sturm	48 – <56	24,5 – <28,5	89 – 102
11	orkanartiger Sturm	56 – <64	28,5 – <32,7	103 – 117
12	Orkan	≥ 64	≥ 32,7	≥ 117

Windstärke Bft7 hat für den Segler eine besondere Bedeutung, denn die meisten Schiffsversicherer haften nur für angesagte bzw. lokal gemessene Windgeschwindigkeiten, die diese Marke unterschreiten. Für Untersuchungen an Segelyachten ist die atmosphärische Windgeschwindigkeit nur eine Komponente des vektoriellen Windes, der das Boot und in unserem Fall das Rigg der Yacht beaufschlagt. Abhängig von Kurs und Abdrift muss die Fahrgeschwindigkeit mit der atmosphärischen Strömungsgeschwindigkeit zu einem so genannten scheinbaren Wind vektoriell verrechnet werden. Das Vorgehen ist in der einschlägigen Literatur beschrieben. Streicht der Wind glatt über den See, was im Binnenland eher selten der Fall sein dürfte, ist die Strömungswirklichkeit, die das Rigg erreicht, von einer Schichtung der relevanten Einflussgrößen gekennzeichnet. Neben der Wirbeligkeit der Strömung ist der Geschwindigkeitsgradient in Bodennähe von Bedeutung für die Entwicklung jener Segelkraft, mit der die Yacht angetrieben wird. In der bodennahen Grenzschicht ist der Gradient der horizontalen Komponenten der Strömungsgeschwindigkeit in erster Linie von der geometrischen Beschaffenheit des Bodens, respektive der Wasseroberfläche, abhängig. Die Strömung, die am Rigg

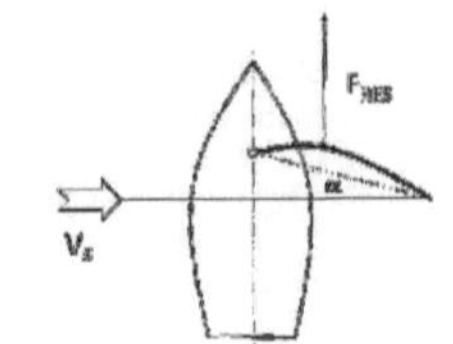

einer kleinen Einheit auftaucht, wird um einen gewissen Grad unterhalb der Nenngeschwindigkeit, die vom DWD für die Höhe von 10 Meter über Grund angegeben wird, liegen. Die Strömungsmodelle für die gestörte Strömungswirklichkeit arbeiten mit, die Nenngeschwindigkeit schwächenden, Einflussfaktoren. Ein lineares Modell für den Gradienten der bodennahen Strömungsgeschwindigkeit benutzt die dimensionslose Kármán-Konstante (rund 0,4), es ist aber bekannt, dass je nach atmosphärischer Stabilität das Windprofil flacher (stabile Schichtung) oder steiler (labile Schichtung) verläuft und damit eine gekrümmte Form in der Vertikalen besitzt. Differenziertere Modelle benutzen ein logarithmisches Gesetz für die vertikale Geschwindigkeitsentwicklung[9]. Die wirkliche (im Sinne von wechsel-wirkliche) Strömungsgeschwindigkeit in Bodennähe v_{WIRK} (z) in der Höhe z hängt in diesem Fall ab von der Nenngeschwindigkeit v_{NENN}(z=10m), die für eine referenzielle hydrographische Nennhöhe z_1 angegeben und/oder gegebenenfalls gemessen wird.
Strömungsgeschwindigkeit in Bodennähe: $v_{WIRK}(z) = v_{NENN} \cdot (\ln(z/z_0) / \ln(z_1/z_0))$ $[ms^{-1}]$

Die geometrische Beschaffenheit des Bodens[10] wird durch eine so genannte Rauhigkeits-länge z_0 angegeben, die in Meter gemessen, ein recht abstraktes Maß darstellt. In den herangezogenen Studien (Twele 2016) hat die Rauhigkeitslänge keinerlei sinnfällig messbare Entsprechung, sondern ist eine empirische Vergleichsgröße[11].

<u>Rauhigkeitslängen</u>
Offshore (Klasse 0) $z_0 = 0,0002$
Glatte Erde $z_0 = 0,005$
Kulturlandschaft (Klasse 1) $z_0 = 0,03$
Kulturlandschaft (Klasse 2) $z_0 = 0,1$
Kulturlandschaft (Klasse 3) $z_0 = 0,4$
Wald $z_0 = 0,8$
Stadt $z_0 = 1$

Für ein Binnengewässer bei Bft 5 wählen wir zunächst eine Rauhigkeitslänge $z_0 = 0,01$ [m]. Die Untersuchung behandelt Segeltragflächen mit einer maximalen Mastlänge von fünf Metern. Uns interessiert zunächst eine Parametrisierung der Strömungsgeschwindigkeit am Rigg. Bei einer maximalen Konstruktionshöhe von fünf Metern wird im Vergleich dazu in einem linearem Modell für den Geschwindigkeitsgradienten die Nenngeschwindigkeit v_{NENN} nur zur Hälfte erreicht, während wir im logarithmischen Modell etwa neunzig Prozent der Nenngeschwindigkeit v_{NENN} anliegen.
In der praktischen Hydrographie werden logarithmische Modelle als realitätsnah angesehen. Bei Abständen vom Erdboden, die größer als die (hydrographische) Nennhöhe sind, nimmt

---

[9] Das logarithmische Windprofil wird als Näherung zur Beschreibung von Geschwindigkeitsprofilen verwendet, die durch die Bodenrauhigkeit oder die Bebauung in Windströmungen entstehen. Das logarithmische Windprofil gilt in der bodennahen Prandtl-Schicht (bis ca. 60 m Höhe über dem Erdboden).
[10] https://de.wikipedia.org/wiki/Logarithmisches_Windprofil
[11] Wind und atmosphärische Grenzschicht. http://kleinwind.htw-berlin.de/website/index.php?id=52

im nichtlinearem Modell die Wirkgeschwindigkeit $v_{WIRK}(z)$ weiter logarithmisch zu, was den realen Verhältnissen ebenfalls nahekommt. Damit ist das Geschwindigkeitsprofil für die spezifischen Verhältnisse (Rauhigkeit, hydrographische Nennhöhe) parametrisiert und kann auf beliebige Nenn-Strömungsgeschwindigkeiten skaliert werden. Für die Untersuchung des Leistungsaustrags unterschiedlicher Segelformen in Abhängigkeit der realen Strömungsschichtung statten wir nun ein Traglinienverfahren zur Tragflügelberechnung mit einem Geschwindigkeitsgradienten in den Anfangsrandbedingung aus.

Parametrisierung: bodennahe Strömungsgeschwindigkeit			
Abstand [m]	Gradient im logarithmischen Modell		Linear Modell
h	$\ln(z/z_0)/\ln(z_1/z_0)$		
0	0		0
1	0,66		0,1
2	0,77	Design Space	0,2
3	0,82		0,3
4	0,86		0,4
5	0,89	Konst.-Höhe	0,5
6	0,92		0,6
7	0,95		0,7
8	0,96		0,8
9	0,98	Hydrogr.	0,9
10	1.0	Nennhöhe	1
15	1,06		1
20	1,1		1
30	1,16		1
	X v_{NENN}		X v_{NENN}

Auch der stetige Wind ist aus der Sicht des Regattaseglers selten stetig, sondern mehr oder weniger durch vertikale und horizontale Richtungsänderungen (Dreher) und Geschwindigkeitsgradienten (Böen) gestört. Es sei an dieser Stelle angemerkt, dass (Strömungs-) Geschwindigkeitsänderungen auf einem Schiff in Fahrt immer als Richtungsänderungen des Windes erfahren und aufgenommen werden. Der erfahrene Skipper weiß von der vektoriellen Struktur der Anströmgeschwindigkeit am Segel und ihres vertikalen Gradienten ebendort. Eingedenk dessen, dass eine Böe in den meisten Fällen nur der spürbare und für das Segel wirksame Teil eines Wirbels ist, die Böe also ihrerseits geschwindigkeitsgraduell strukturiert ist (beispielsweise eine Walze mit horizontaler Drehachse; man stelle sich eine ihrer Schnittflächen wie einen rotierenden Bierdeckel vor) stellt dies den Rudergänger vor nicht banale Aufgaben. Nur wenige Segler und Seglerinnen sind in der Lage „den Wind zu lesen" und des Weiteren fähig, die Möglichkeiten, die sich aus dem unsteten Wind ergeben, auszunutzen. In diesem Aufsatz soll es aber nicht um das Regattasegeln gehen, obwohl die beim Rennsegeln zu Tage tretenden und vom Segler, der Seglerin registrierbaren Eigenheiten des Mediums großen Einfluss auf Gestaltungsfragen haben können und in der Praxis auch haben sollen. Die Bemessung und Trimmbarkeit des Twists im Segeltopp (Konfiguration Marconi) oder die Lage des Anschlagpunktes eines Spinnakers beispielsweise sind typische Konstruktionsparameter und beliebte Drehschrauben der Yachtdesigner. Ich erinnere mich an eine (meiner Meinung nach folgenschwere) Änderung in den Klassenvorschriften der 505er Jollen und die Reaktionen der Regattasegler darauf. Die Erwartungen an den neuen Spinnaker waren groß, denn eine Verlegung des Anschlagpunktes in Richtung Segeltopp verhieß eine nicht unerhebliche Vergrößerung der Segelfläche und damit mehr Speed auf Vorwindkursen. Doch die erhoffte Wirkung war nur gering oder blieb bei starkem Wind völlig aus. Die neuen Spinnaker hatten im Wettkampf keine bessere Performance. Wie war das zu erklären? Die „alten" Spinnaker konnten flacher gefahren werden, denn der Anschlagpunkt lag ja tiefer, wodurch der Kraftvektor der „Auftriebstragfläche Spinnaker" eine Vertikalkomponente besaß, was die Jolle vor dem Wind ein bisschen „fliegen" ließ. Auf diesen Effekt musste nun und in Zukunft verzichtet werden. Als vor ein paar Jahren der U26-Weltmeistertitel im 505er in unserem Club ging, war am feierlichen Tisch diese Geschichte und der durch die veränderten Klassenregeln einhergehende Effekt, vollkommen unbekannt. Für alle Fälle rottet im Bootsschuppen noch unser altes 505er Fossil mit dem 4/5 Spinnaker.

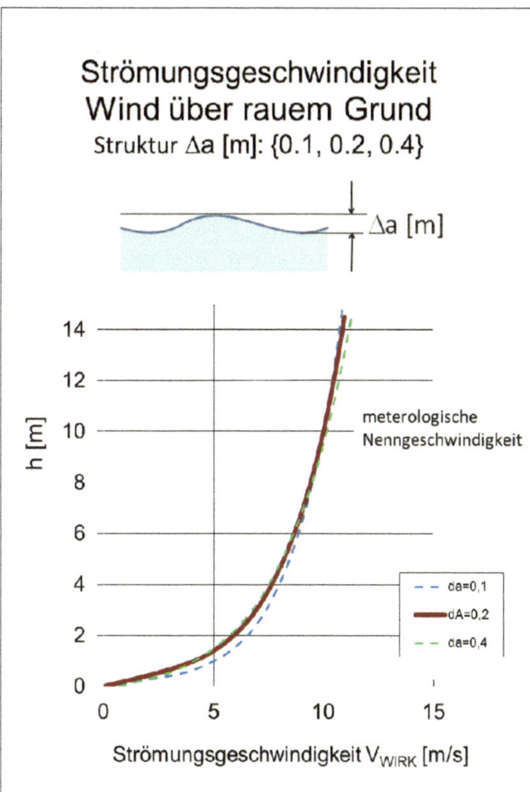

| z | z0 | z_{NENN} | v_{NENN} | v_{WIRK} |
m	m	m	m/s	m/s
0	0,2	10	10	0,0
0,5	0,2	10	10	2,34
1	0,2	10	10	4,11
1,5	0,2	10	10	5,15
2	0,2	10	10	5,89
2,5	0,2	10	10	6,46
3	0,2	10	10	6,92
3,5	0,2	10	10	7,32
4	0,2	10	10	7,66
4,5	0,2	10	10	7,96
5	0,2	10	10	8,23
5,5	0,2	10	10	8,47
6	0,2	10	10	8,69
6,5	0,2	10	10	8,90
7	0,2	10	10	9,09
7,5	0,2	10	10	9,26
8	0,2	10	10	9,43
8,5	0,2	10	10	9,58
9	0,2	10	10	9,73
9,5	0,2	10	10	9,87
10	0,2	10	10	10,00
10,5	0,2	10	10	10,12
11	0,2	10	10	10,24
11,5	0,2	10	10	10,36
12	0,2	10	10	10,47
12,5	0,2	10	10	10,57
13	0,2	10	10	10,67
13,5	0,2	10	10	10,77
14	0,2	10	10	10,86
14,5	0,2	10	10	10,95
15	0,2	10	10	11,04

Kommen wir zurück zur Ausgangsfrage, welchen Einfluss die Geschwindigkeitsschichtung auf die kumulierten Segelkräfte verschiedener Rigg-Geometrien besitzt. Dazu betrachten wir ein weiteres Mal den Geschwindigkeitsgradienten über der Wasseroberfläche. Die oben zitierten „Rauhigkeitslängen" finden eine praktische Anwendung dort, wo Aussagen über Gebäudeaerodynamik oder den geeigneten Standort beispielsweise einer Windkraftanlage gewonnen werden. Die in der Amts- und Genehmigungspraxis verwendeten Klassifizierungen spiegeln dabei nicht irgendwelche in der Realität vorgefundenen Geometrieabmessungen wieder, sondern sind empirisch ermittelte Vergleichsgrößen und erinnern eher an Toleranz- und Passungssysteme. Beim Segelsport, der ja auf einer durch den Wind generierten rauen (Wasser-) Oberfläche stattfindet, taucht nun die Möglichkeit auf, tatsächlich vorgefundene Geometriegrößen jener Obstikalstrukturen − vulgärdeutsch: Wellen - in die Formel für das logarithmische Profil der Strömungsgeschwindigkeit der bodennahen Prandtl-Schicht: $v_{WIRK}(z)=v_{NENN} \cdot (\ln(z/z_0)/\ln(z_1/z_0))$ aufzunehmen. Die Höhe z0 entspricht in diesem Modell der Wellenhöhe (nicht Amplitude!), die sich mit dem (Nenn-) Wind und seiner Horizontalgeschwindigkeit v_{NENN} einstellt. Das Diagramm (oben) stellt den Geschwindigkeitsgradienten für drei unterschiedliche Rauigkeiten (im Diagramm mit Δa [m] bezeichnet) dar. Der theoretisch ermittelte Kurvenverlauf gibt die in der Literatur[12] veröffentlichten Charakter der Experimente (Bethwaite 2003) und der ermittelten Messwerte (Marchaj 1997) hinreichend wieder.

STRÖMUNGSBERECHNUNG

Gehen wir nun der Frage nach, welchen grundsätzlichen Einfluss die Form eines Riggs auf die Leistungsentwicklung von Segeljachten hat. Zur Beschreibung der Strömungswirklichkeit einfacher Tragflügel wird derzeit in unserem Hause das Programmsystem flowLAB[13] entwickelt. Jegliche Simulationssoftware nimmt in den naturwissenschaftlichen und ingenieurwissenschaftlichen Berufsfeldern einen zunehmend größeren Anteil ein: organisatorisch, zeitlich und hinsichtlich der Kosten. In klassischen maschinenbaubetonten Produktentwicklungs-Methodiken (PEM) werden bereits in der frühen Phase Wirkprinzipien und Funktionsmodelle nachgefragt. flowLAB liefert hier ein numerisches Modell zur Berechnung einfacher Tragflügelgeometrien und wird als Bibliothek in ein lauffähiges Hauptprogramm eingebunden. Kern des Programmsystems ist ein so genannter Potentiallöser. Die durch einen Potentiallöser erstellte Strömungswirklichkeit kann in ausgesuchten Fällen mit hoher Wahrscheinlichkeit an das reale Strömungsphänomen hinreichen. In der Potentialtheorie werden, unter Berücksichtigung spezieller Randbedingungen, geschlossene (Potential-)

---

[12] Marchaj, C. A. (1997) Die Aerodynamik der Segel. Theorie und Priaxis. Delius Klasing Verlag ISBN 3-7688 1017-8, S. 332 ff. und Bethwaite, F. (2003) High Performance Sailing. A&C Black Publisher Limited. London, S. 53 ff. und Bethwaite, F. (2008) New Zealand Model Aeronautical Association, archiviert vom Original .

[13] Siehe auch: Dienst, Mi. (2017) Validierung einer potentialtheoretischen Berechnung mit einem 2D-CFD-Verfahren. Beitrag zur Ermittlung der Strömungswirklichkeit von Surfboardfinnen. GRIN-Verlag GmbH München, ISBN(e-Book): 783668447172, ISBN(Buch): 9783668447189.

Gleichungen aufgestellt und gelöst. Eingebettet in moderne Programmumgebungen können potentialtheoretische Berechnungen sehr schnell sein. Wir betrachten in diesem Aufsatz nur ebene Strömungsfelder. Wegen der Linearität der Gleichungen gilt für Potentialströmungen das Superpositionsprinzip, das die Darstellung und Berechnung komplexer Lösungen aus der Überlagerung von einfachen Strömungen für die Elementarlösungen erlaubt. Für Potentialströmungen ist die Zirkulation immer dann Null, wenn keine Festkörper oder Singularitäten eingeschlossen werden. Mit der Zirkulation lassen sich Wirbelstärke und Auftriebskräfte berechnen. Als Potential werden hierbei Skalarfunktionen verstanden, deren partielle Ableitung eine Größe mit physikalischer Bedeutung angibt. Ist eine Strömung wirbelfrei, so folgen aus dem Gradienten der Feldfunktion die Geschwindigkeitskomponenten der Strömung. Bei wirbelfreien Strömungen sind die Vektorkomponenten nicht mehr unabhängig voneinander sondern über das Potential verbunden. Nach dem Satz von Kutta-Joukowsky kann die auftriebsbehaftete Umströmung eines Profils als Kombination aus Parallel- und Zirkulationsströmung betrachtet werden, wenn die (Kutta'sche) Abflussbedingung erfüllt ist. Diese fordert ein glattes Abströmen des Fluids an der Hinterkante.

Die Programmsysteme JAVAFOIL, EPPLER und XFOIL[14] sind robuste, einfache Codes zur zweidimensionalen Strömungsberechnung nach der Potentialtheorie und arbeiten mit einigen Einschränkungen. In dieser Untersuchung arbeite ich mit dem System JAVAFOIL. Die Betrachtung des Strömungsgeschehens in der Grenzschicht ist bei einem Potentiallöser in aller Regel direktional; das bedeutet, dass die Grenzschichtanalyse keine Rückmeldung an die potentialtheoretische Strömungslösung enthält und keine (zur Konvergenz führenden) Iterationsschleifen durchlaufen werden. Die Direktionalität schränkt natürlich die Aussagekraft der berechneten Strömungswirklichkeit des Potentiallösers über die reale Strömung ein. Für das wandnahe Strömungsgeschehen berechnet JAVAFOIL keine laminaren Trennblasen und modelliert keine Strömungstrennung in derartigen Strömungsgebieten. Immer dann, wenn solche Effekte auftreten, werden die Berechnungsergebnisse ungenau.

Eine Auftrennung der Strömung, wie sie bei Stall auftritt, wird nur bis zu einem gewissen Grad durch empirische modellierte Korrekturen beschrieben. Strömungstrennung und Stall speziell sind dreidimensionale Strömungsgeschehen und auch schnittweise durch einen zweidimensionalen Strömungslöser nicht darstellbar. Für Strömungszustände, die jenseits des Stallpunktes liegen, liefert der (zweidimensionale) Potentiallöser ungenaue Ergebnisse. Eine genauere Analyse der Grenzschichtströmung würde ein anspruchsvolleres Verfahren zur Lösung der Navier-Stokes-Gleichungen erfordern; dies ist (im Falle einer CFD-Rechnung)

---

[14] Das frei verfügbare Programm *JavaFoil* ist in der Programmiersprache Java geschrieben. The potential flow analysis is done with a higher order *panel method* (linear varying vorticity distribution). Taking a set of airfoil coordinates, it calculates the local, inviscid flow velocity along the surface of the airfoil for any desired angle of attack. http://www.mh-aerotools.de/airfoils/javafoil.htm

The Eppler program PROFIL from *Public Domain Computer Programs for the Aeronautical Engineer* containing the original source code, the source code converted to modern Fortran, and several test cases, references for the Eppler program and a revision of Eppler models that includes a correction for compressibility in: http://www.pdas.com/epplerdownload.html

XFOIL wurde in den 1980er Jahren von Mark Drela als Entwicklungstool im Daedalus-Projekt beim Massachusetts Institute of Technology programmiert.

XFOIL ist ein interaktives Programm zum Entwurf und zur Berechnung von Tragflächenprofilen im Unterschallbereich.

mit einer Steigerung der CPU-Zeit um den Faktor 1000 verbunden. Im Potentiallöser JAVAFOIL ist eine klassische Panel-Methode implementiert, um das lineare Potential-Flow-Feld zu bestimmen. Wie bei den meisten Panel-Methoden erhöht sich die Lösungszeit für das lineare Gleichungssystem mit dem Quadrat der Anzahl der Unbekannten. Daher ist es ratsam, die Anzahl der Punkte auf Werte zwischen 50 und 150 zu begrenzen. Diese relativ kleine Zahl liefert bereits ausreichend Genauigkeit der Ergebnisse. Für die Simulation der wandnahen (Grenzschicht-) Strömung wird eine Grenzschichtintegration nach Eppler durchgeführt. Solche ganzheitlichen Methoden basieren auf Differentialgleichungen, die das Wachstum der Grenzschichtparameter in Abhängigkeit von der lokalen Strömungs-geschwindigkeit ermitteln. Während genaue analytische Formulierungen für laminare Grenzschichten vorhanden sind, ist für den turbulenten Teil eine empirische Korrelationen erforderlich. Methoden zur Vorhersage des Übergangs von laminar zu turbulenter Strömung wurden seit den frühen Tagen der Prandtl'schen Grenzschichttheorie von vielen Autoren entwickelt. Grundsätzlich ist es möglich, die Stabilität einer Grenzschicht numerisch zu analysieren. Dennoch sind alle praktischen und schnellen Methoden mehr oder weniger auf empirische Beziehungen angewiesen, die meist aus Experimenten abgeleitet sind. Die lokalen Parameter an einem Punkt P auf der Kontur des Profils sind das Ergebnis einer Integration (der Strömungsgrößen um P) und enthalten und verarbeiten damit Informationen über die Geschichte der Strömung. Die Wirkung der Rauigkeit auf den Übergang von der laminaren in die turbulente Strömung ist komplex und kann mit einem Potentiallöser nicht genau simuliert werden. Auch moderne direkte numerische Simulationsmethoden haben Schwierigkeiten den Effekt zu simulieren. JAVAFOIL besitzt einen Friktionsansatz mit dem zwei Effekte der Oberflächenrauigkeit modelliert werden: (1) Die laminare Strömung wird auf einer rauen Oberfläche destabilisiert, was zu einem vorzeitigen Übergang führt und (2) laminare als auch turbulente Strömung erzeugen auf rauen Oberflächen einen höheren Reibungswiderstand. Aus dem Vergleich mit Lösungen aus Experimenten am Strömungskanal kann dem Potentiallöser in ausgesuchten Fällen eine zufriedenstellende Voraussagewahrscheinlichkeit attestiert werden.

In der derzeitigen Version flowLAB auf verfügbare Datensätze der zu betrachtenden Trag-flügelprofile angewiesen. Es kann sich dabei um Messdaten[15] über reale Tragflügelprofile handeln, Berechnungsergebnissen aus hochauflösenden CFD-Analysen, oder wie in unserem Fall, um Berechnungsergebnisse einer Potentialtheoretischen Untersuchung.

---

[15] Siehe auch: The Airfoil Investigation Database, http://www.worldofkrauss.com/foils/578
UIUC Airfoil Coordinates Database, http://www.ae.illinois.edu/m-selig/ads/coord_database.html

Hinweise zur Nomenklatur in den nachfolgenden Ausführungen:

<u>Geometrie</u>

t	[m]	Profiltiefe. Bezugsmaß für Konturrelevante Kennungen eines Profils
d/t	[%]	spezifische Profildicke der Profilkontur mit der Tiefe t.
xd/t	[%]	Dickenrücklage der Profilkontur mit der Tiefe t.
t(z)	[m]	t=t(z) über die horizontale Koordinate z variable Profiltiefe t
x	[m]	x- Koordinate der Punkte $P_K(x_K,y_K,x_K)$ auf der Tragflächenkontur
y	[m]	y- Koordinate
z	[m]	z- Koordinate / horizont. Koordinate Flügelwurzel W bis Flügel-Tip T
dx, dy, dz	[m]	differentielle Koordinaten
$\Delta x, \Delta y, \Delta z$	[m]	
$\underline{x}$	[-]	$\underline{x} = (x/t)$ generalisierte Koordinate x bezogen auf die Profiltiefe t
$\underline{y}$	[-]	$\underline{y} = (y/t)$ generalisierte Koordinate y
ΔA	[m²]	$\Delta A = (\Delta z \cdot \Delta x)$
ΔF	[m²]	$\Delta F = t \cdot \Delta z$ differentielles Kontur-Flächensegment (Wing-Section)

<u>Beiwerte und Koeffizienten</u>

c_L	[-]	Lift-koeffizient (Auftrieb, Querkraft)
c_P	[-]	$c_P = c_P\,(x_K,y_K)$ Druckgradient (Profilkontur)
c_W	[-]	Widerstandsbeiwert

<u>Geschwindigkeiten und Kräfte</u>

v(x)	[ms⁻¹]	lokale (konturnahe) Geschwindigkeit.
V, v_∞	[ms⁻¹]	globale (System-) Geschwindigkeit.
(v/V)	[-]	spezifische Geschwindigkeit, lokal und konturnah
L	[N]	$L = c_L \cdot F \cdot v^2 \cdot \rho / 2$ Auftrieb, Querkraft, Lift
K	[N]	$\underline{K}$ aus $q(x) = \underline{K}\,\Delta x$ lokale Kraft auf ein Flächensegment $\Delta A=(\Delta z \cdot \Delta x)$
ΔL	[N]	$\Delta L = k \cdot dz = c_L \cdot t\,\Delta z \cdot v^2 \cdot \rho/2$; Lift für ein Flächensegmen, Breite Δz
q(x)	[Nm⁻¹]	Streckenlast an der Profilkontur $P_K(x_K,y_K)$
k	[Nm⁻¹]	$k=k(z) = \Delta L/\Delta z$; integrale Streckenlast für eine Profilsektion d. Breite Δz

<u>Stoff</u>

ρ	[kgm⁻³]	Dichte
v	[m²s⁻¹]	Transportkoeffizient: kinematische Viskosität

Ein Ergebnis der potentialtheoretischen Analyse ist die Geschwindigkeitsverteilung $(v/V)_{x,y}$ und damit der Druckgradient $c_P=c_P(x,y)$ über die Profilkonturen (x_K,y_K) eines Tragflügels. Aus der Druck-integration wird einerseits der dimensionslose Auftriebskoeffizient c_L und unter Hinzunahme eines Reibungs-Modells der Widerstandsbeiwert c_W der Profilkontur ermittelt. Der Auftriebsbeiwert und der Widerstandsbeiwert sind als Integralgrößen über eine Profilkontur anzusehen. Eine Streckenlast q ist in der technischen Mechanik eine bereichswese über x definierte Belastung mit der Einheit [N/m] und wird für eine lokale Kraft

$\underline{K}$ mit $q(x) = \underline{F} \, \Delta x$ angesetzt. In SI-Einheiten besitzt die Streckenlast q die Einheit $[m \cdot Pa]$[16]. Ein über eine Kontur verteilter Druck p, der in unserer Betrachtung als ortsabhängiger Gradient $p(x)$ in $[Pa]$ auftaucht und der gerade als eine lokale Kraft K über einen Flächenabschnitt $\Delta A = (\Delta z \cdot \Delta x)$ angesehen wird, offenbart eine Beziehung zu der Streckenlast q wie folgt:

$$\text{mit } q(x) = K \, \Delta x \; [m \cdot Pa] \quad \text{und} \quad p(x) = K \, / \, \Delta A = F \, / \, (\Delta z \cdot \Delta x) \qquad [Pa]$$
$$\text{folgt } p(x) = q(x)/\Delta z \qquad [Pa]$$

Der lokale Druck $p(x)$ auf der Kontur an der Stelle x wird relativ und auf den atmosphärischen Normruck[17] p_0 bezogen angegeben. Für den lokalen Druckkoeffizienten c_p gilt dann folgende Beziehung[18]:

$$c_p = 2 \, (p(x) - p_0) \, / \, (\rho \cdot V^2)$$

Normdruck $p_0 = 101\,325 \; [Pa] = 101{,}325 \; [kPa] = 1\,013{,}25 \; [\,hPa] = 1\,013{,}25 \; [mbar]$

Normzustand bei $T = 273{,}15 \; [°K]$ bzw. $T = 0 \; [°C]$ entsprechend DIN 1343.

$$(p(x) - p_0) = 0.5 \cdot c_p \cdot \rho \cdot V^2 \qquad [kg \; m^{-3} \cdot m^2 \, s^{-2}], \; [Nm^{-2}], \; [Pa]$$

Der Druckkoeffizient c_p besitzt einen Gradienten über die Kontur $c_p(x)$ und wird mit der aus der klassischen Strömungsmechanik bekannten Form aus der lokalen, spezifischen Geschwindigkeit bestimmt. Hierbei wird die Bernoulli-Gleichung dazu benutzt, den Druck aus den Geschwindigkeitskomponenten zu ermitteln.

$$\text{Bernoulli} \quad p_0 + \tfrac{1}{2} \, \rho_\infty \, V^2 = p + \tfrac{1}{2} \, \rho_\infty \, v(x)^2 \qquad [Pa]$$

Für inkompressible Strömungen ($\rho = \rho_\infty$) liefert das den lokalen Druckkoeffizienten $c_p(x) = p(x)/p_0$ aus einer Beziehung über die Systemgeschwindigkeit $V = v_\infty$.

$$c_p(x) = 1 - (v(x)/v_\infty)^2$$

Die lokale, konturnahe Geschwindigkeit $v(x)$, bzw. die auf die Systemgeschwindigkeit $V = v_\infty$ bezogene spezifische Geschwindigkeit $(v(x)/V)$ und somit der lokale Druckkoeffizient $c_p(x)$ ist ein signifikantes Ergebnis der potentialtheoretischen Berechnung und steht nun für die Druckintegration über eine Kontur zur Verfügung.

$$(p(x) - p_0) = 0.5 \cdot c_p \cdot \rho \cdot V^2$$
$$(p(x) - p_0) = 0.5 \cdot (1 - (v(x)/V)^2) \cdot \rho \cdot V^2 \qquad [Pa]$$

In der Regel kann der potentialtheoretischen Berechnung ein dimensionsloser Auftriebsbeiwert c_L (Lift-Koeffizient) entnommen werden, was den Berechnungsgang auf Kosten einer differenzierten Betrachtung der Auftriebsverteilung über die Profilkontur erleichtert. Aus der einschlägigen Literatur ist die aus integralen Größen zu ermittelnde Kraft, Auftrieb, Querkraft, Lift:

$$L = c_L \cdot F \cdot v^2 \cdot \rho/2 \qquad [N]$$

---

[16] ISO-Einheiten. $1 \; kg \cdot m^{-1} \cdot s^{-2} = 1 \; Pa = 1 \; N \, m^{-2}$, z.B.: Megapascal (10 bar = 1 MPa = 1 Million Pa = 1 N/mm^2)

[17] Mit dem Normdruck p_0 101 325 [Pa] = 101,325 [kPa] = 1 013,25 [hPa] = 1 013,25 [mbar]. Im atmosphärischen Normzustand bei T= 273,15 [K] bzw. T=0 [°C] entsprechend DIN 1343.
Wasser im Normzustand bei T= 20 °C: Dichte $\rho = 0{,}998203 \; g \cdot cm^{-3}$ $\quad \rho = 998{,}2 \; kg \cdot m^{-3}$

[18] Katz, J., Plotkin, A. (2001) Low-Speed Aerodynamics, Cambridge University Press. ISBN 13 978-0-521-66219-2.

Das sektorale Flächensegment ΔF der Breite Δz das sich aus der abschnittsweisen Betrachtung der Gesamtfläche F des Tragflügels, also dem so genannten Kontur-Flächensegment ergibt: Tragflächen-Segment (Wing-Section) $\Delta F = t \cdot \Delta z$ $[m^2]$
Im Besitz des dimensionslosen Auftriebsbeiwertes c_L für ein Kontur-Flächensegment (Wing-Section) ist die nunmehr sektorale Auftriebskraft ΔL der Profilkontur, also der sektorale Lift ΔL für ein Flächensegment $\Delta F = t \cdot \Delta z$ leicht zu ermitteln. Der sektorale Lift

$$\Delta L = c_L \cdot t \cdot \Delta z \cdot v^2 \cdot \rho/2 \ = k \cdot \Delta z \quad [N]$$

Mit der hier eingeführte Vereinfachung $\Delta L = k \cdot \Delta z$ ist die sektorale, über die vertikal variable Flügeltiefe $t = t(z)$ definierte Traglinienkraft k in Abhängigkeit von der vertikalen Koordinate z, also $k = k(z)$ gegeben als:

Traglinienkraft $k(z) = c_L \cdot t(z) \cdot v^2 \cdot \rho/2$ $[N\ m^{-1}]$

Für die Ermittlung der - für einen Kontursektor der Breite Δz (an der Stelle z_K) konstanten - Traglinienkraft k sind also Kenntnisse über die (ebene, lokale) Anströmgeschwindigkeit $v = v(\alpha)$ und dem integralen Liftkoeffizienten c_L, der zu dem jeweiligen Tragflügelprofil an der Stelle z_K gehört. Der Liftkoeffizient c_L und der Widerstandskoeffizient c_W entstammen Datensammlungen oder den über die Software ermittelten Polaren $c_L = c_L(\alpha)$ und $c_W = c_W(\alpha)$ die für Messreihen über den Anströmwinkel α geordnet vorliegen (siehe auch den Anhang dieses Aufsatzes).

TRAGFLÜGELMODELLE

Das Dreieck-Segel (Marconi-Konfiguration) in Hochtakelung gehört zu den gut untersuchten Tragflügelsystemen für Rennyachten. Allgemein werden dem Hochsegel erhebliche Vorteile gegenüber anderen Besegelungsformen zugeschrieben. Jeder Regattasegler weiß, dass die Hochtakelung wirksamer ist, als ein Gaffelrigg oder ein Sprietsegel. In Bewegung gekommen ist die Szene jedoch durch die Tatsache, dass feste Tragflügel den Labor- und Experimentier-staus verlassen haben und – wie in der gerade laufenden Regattakampagne des 35. America's Cup zu erleben ist – Stand der (etablierten) Technik zu sein scheinen. Nicht verschwiegen werden sollte an dieser Stelle, dass der weit überwiegende Teil der Regattisten und Segelverrückten dieser Welt - und am meisten wohl die Konstrukteure und Yachtdesigner – sich wünschten, dass um die älteste Sporttrophäe der Welt wieder mit Schiffen gekämpft werden solle und nicht mit Fluggeräten. Bei aller Kritik zeigt der 35. America's Cup aber auch, dass es bei modernen Rennyachten Alternativen zum etablierten Hochsegel geben kann; theoretisch gesehen. Innovationen sind im Yachtdesign immer an Bedingungen gebunden, wie etwa der festen Forderung, dass eine Substitution der Besegelung auf mindestens die gleichen Leistungseigenschaften der etablierten Technik führen muss, oder sie gar übertreffen soll. Die Vermessungsvorschriften blockieren – selbst in den Konstruktionsklassen – tiefergehende Veränderungen und damit Innovationen im

Yachtdesign. Dies gilt für unkonventionelle Besegelungsformen in einem besonderen Maße. Nicht aber für die Forschung an diesen; zum Glück.

Die nachfolgend verwendeten Größen auf einen Blick:

GEOMETRIE

Tragflügelfläche (Aufprojektion)	A_a	[m²]	
Tragflügelfläche (Frontprojektion)	A_p	[m²]	
Tragflügelfläche (benetzt)	A_b	[m²]	
Tragflügeltiefe, Profiltiefe	t	[m]	
Tragflügellänge	b	[m]	
Schlankheitsgrad	λ	[-]	$\lambda = A_a / b^2$

KRÄFTE

Strömungskraft	F_S	[N]	
Drehmoment (Seefahrzeug)	M_{FZ}	[Nm]	
Auftrieb, Querkraft, Lift	L	[N]	$L = c_a \cdot A_a \cdot v^2 \cdot \rho/2$
Formwiderstand	W_F	[N]	$W_F = c_w \cdot A_p \cdot v^2 \cdot \rho/2$
Reibungswiderstand	W_R	[N]	$W_R = c_r \cdot A_b \cdot v^2 \cdot \rho/2$
induzierter Widerstand	W_I	[N]	$W_I = c_I \cdot A_a \cdot v^2 \cdot \rho/2$

KOEFFIZIENTEN

Querkraftbeiwert (Messung)	c_L	[-]	
Widerstandsbeiwert	c_r	[-]	$c_r = 1{,}327 \cdot (Re)^{-1/2}$
Widerstandsbeiwert (glatt)	c_r	[-]	$c_r = 0{,}074 \cdot (Re)^{-1/5}$
induzierter Widerstand[19]	c_I	[-]	$c_I = \lambda\, c_L^2 / 2\pi$

ENERGIE und LEISTUNG

translatorische Verschiebung	s	[m]	
Rotations-Drehwinkel	γ	[°]	
Winkelgeschwindigkeit (See-Fz)	ω	[s⁻¹]	
Arbeit, Energie	E	[Nm],[J]	
Leistung (strömungsmechanische~)	P	[Nms⁻¹],[Js⁻¹],[W]	
Erforderliche Verschiebearbeit	E	[J]	$E_T + E_R = \Sigma\, F_S\, \Delta s + \Sigma\, M_{FZ}\, \Delta\gamma$
Erforderliche Verschiebeleistung	P	[W]	$P_T + P_R = \Sigma\, F_S\, \Delta v + \Sigma\, M_{FZ}\, \omega$

Gehen wir nun für drei sehr einfache, aber grundsätzlich unterscheidbare Rigg-Geometrien der Frage nach, welchen Einfluss die Segelform bei gegebener Geschwindigkeitsschichtung auf deren Leistungsentwicklung am Wind hat. Die nachfolgende Graphik stellt die drei Tragflügelkonfigurationen gegenüber. In der Argumentation Marchajs bleibt das Krabben-

---

[19] gemäß elliptischer Auftriebsverteilung nach Prandtl

scherensegel (CC-Rigg), wie es von Tasman und Schouten im 17. Jahrhundert im Tonga-Gebiet als erste beschrieben wird, ein achsensymmetrisches Dreieckssegel mit einer Hohlkehle in der Tragflügelgeometrie, bzw. einer tiefen Bucht. Die Tragflächenmembran spannt sich zwischen zwei Spieren, deren Kontur (Marchaj: leicht) gekrümmt ist, auf. Diese Geometrie ist für Marchaj ein Alleinstellungsmerkmal des CC-Rigg, denn das Design rezitiert kein anderes Ozeanisches Rigg und hat allenfalls Ähnlichkeiten mit den in Fidschi und Tonga verwendeten achsensymmetrischen Segeln.

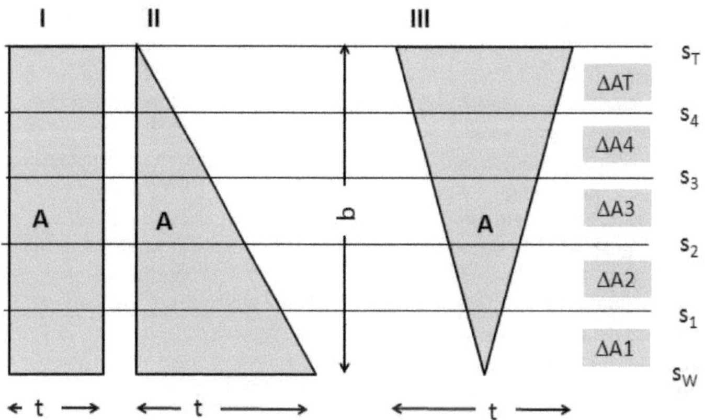

I Ninigo	II Marconi	III Tonga Sprit	Kennzeichnende Geometrie	
7	7	7	Fläche	A [m²]
3.57	3.57	3.57	AspectRatio	λ [-] =b²/A
5	5	5	Masthöhe	b [m]
1.4	2.8	2.8	max. Profiltiefe	t_{MAX} [m]

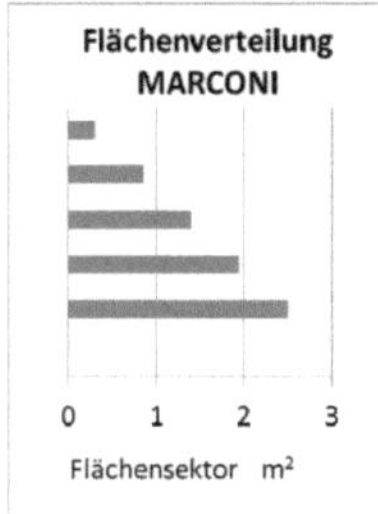

Anders als das Krabbenscherenrigg wird dort die Segeltragfläche an einem schwenkbaren, nach vorne gerichteten Mast (gegen den festen vertikalen Mast in Marchaj) geschlagen und scheint einen ausgeprägten Sturz zu haben. Dieses Detail bleibt in den Figuren von Marchaj unklar. Die Abbildung zeigt (I) die Ninigo-Konfiguration, ein Segel mit einer rechteckigen Geometrie wie es heute noch auf den Ninigo Inseln (Western Bismarck Archipel) von Papua Neuguinea verwendet wird. Das Original wird mit einer Diagonalsprit auf Auslegerkanus gefahren. Ich habe diese Riggform gewählt, weil sich ein historischer Bezug herstellen lässt und gleichzeitig in der rezenten Konstruktionspraxis durchaus eine Tendenz zu sehr steilen Trapezen besteht, bis hin zu eine Rechteck-Konfiguration, irgendwann. Die die Flächeninhalte der Tragflügelsegmente sind gleich. Die Marconi-Konfiguration (II) steht für das moderne Dreieck-Segel mit Hochtakelung.

Als gut untersuchtes Antriebsystem stellt es eine Referenz dar. Ebenfalls ein Dreieck-Segel ist die Tonga-Sprit-Konfiguration in Abbildung (III). Tonga-Sprit bezieht sich auf die ozeanischen (Matten- oder Membran-) Segel, die auf großen Doppel- oder Auslegerkanus in Tonga, Fidschi und anderen nahe gelegenen Inseln verwendet werden. Natürlich referenziert Tonga-Sprit das Krabbenscherensegel der Santa Cruz Inseln nicht! Auch das von Marchaj als Krabbenscheren-Rigg bezeichnete Dreiecksegel wird durch Tonga-Sprit nicht wiedergegeben, da dort ja der Neigungswinkel des Segels gegenüber der Horizontalen in der Messung variiert werden durfte, was wir in unserer Untersuchung (zunächst) ausschließen wollen. Aber Tonga-Sprit nimmt im Reigen der Anderen die „Aufgabe einer Konstruktionsmetapher" wahr. Es sollen ja strömungsmechanische Modelle erstellt und simuliert werden und deren künstliche, modellhaften „Strömungswirklichkeiten" ermittelt werden; Wechselwirklichkeiten, die in einer Grundsatzuntersuchung einer Realität der Besegelung fern sein dürfen.

Die Modelle aller Tragflügel sollen eine fluidmechanisch wirksame Fläche von A= 7[m] besitzen, bei einer gleichen Masthöhe von b=5[m]. Der Schlankheitsgrad der Tragflügel (Aspect Ratio $\lambda=b^2/A$) beträgt bei allen drei Konfigurationen λ= 3.57 [-]. Tonga-Sprit (III) ist ein gleichschenkliges, Marconi (II) ein rechtwinkliges Dreieck. Alle Tragflügel werden als „erstarrte Membranen" gesehen, die mit einem gewölbten Plattenprofil mit 2% Profildicke und einer Krümmung von 10 % bezogen auf die Profiltiefe t ausgestattet sind. Die Krümmungsrücklage (Wölbungs~) soll bei allen betrachteten Querschnitten auf einer Höhe von 40% der Tragflügeltiefe liegen, was natürlich eine Zentralsymmetrie dieser auf Proas vorwärts wie rückwärts gefahrenen Segeltragflächen nicht zulässt, sofern man (wie wir in diesem Modellansatz) von einer rigiden Struktur der Tragflügel ausgehen will. In der Betriebspraxis stellt sich dann wieder eine nichtsymmetrisch gewölbte Membran ein. Das Modell der gewölbten Platte soll an der Nase gerundet, an der Hinterkante gepfeilt sein, was dem Einen oder Anderen als eine sehr grobe Vereinfachung gelten mag. Die Modellannahmen sind dem Berechnungsverfahren geschuldet, dessen Rechengenauigkeit (Potentialtheorie) von der Tangente des Profil-Lead-Out beeinflusst ist.

Analysiert mit dem Traglinienverfahren nach Prandtl, sollten Flügel gleicher Fläche in einer Strömung ohne Geschwindigkeitsgradienten auch gleich große Querkräfte generieren, so die Voraussage. Da eine quasi-dreidimensionale Tragflügelanalyse wie das Traglinienverfahren die energetischen Wirkungen der Kantenumströmung der realen Flügelgeometrie in erster Annäherung an die Strömungsrealität nicht quantifiziert, sollten Lift, Druck- und Reibungswiderstand für die drei Modelle identisch sein. Wohl aber kann in der Potentialtheorie die berechnete Zirkulation für jeden Tragflügelschnitt hinweisen auf die Intensität des induzierten Widerstands der über die Qualität des Randwirbels am Tragflügelende determiniert ist.

Abb.: Tragflügelprofil: Gewölbte Platte. PLT 02 10 40 = 2%Dicke, 10% Wölbung, 40% Wölbungsrücklage; an der Nase gerundet, an der Hinterkante gepfeilt.

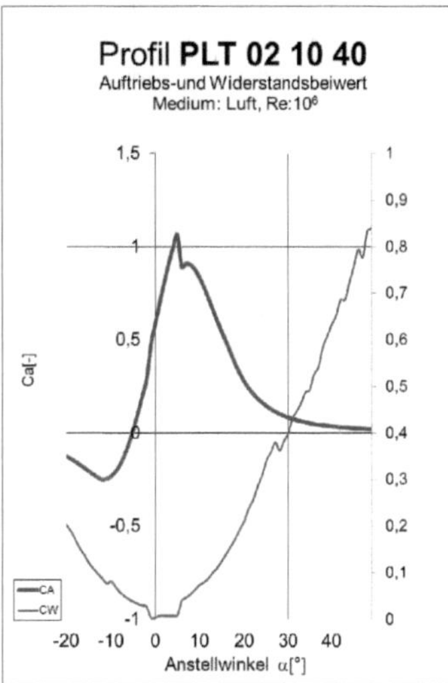

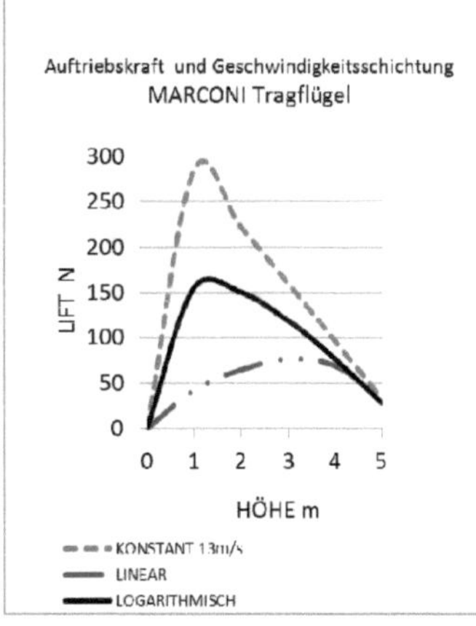

Am Polardiagramm der gewölbten Platte ist zu erkennen (und anzuerkennen), dass dieses Profil sehr gutmütig und dabei alles andere als ein Versager ist, obwohl das Auftriebsmaximum ca_{MAX} bei einem Anstellwinkel von $\alpha_{STALL}=5[°]$ gerade mal den Wert von $ca_{MAX}(\alpha=5)=1$ erreicht. Dies ist ein für dünne Membranen üblicher Wert. Schon eine Dickenaufweitung auf 4% der Tragflügeltiefe verschiebt den Auftriebsbeiwert der Wölbmembran auf einen Wert von $ca_{MAX}(\alpha_{STALL}=10!)=1,1$ und den Stallwinkel auf erhebliche $\alpha_{STALL}=10[°]$, die Werte eines modernen Segels vom Stand der Technik mit einer modellierten Dicke von 1% der Tragflügeltiefe führt auf einen Auftriebsbeiwert von $ca_{MAX}(\alpha_{STALL}=5)=0.8$. Die Gewölbte Platte, PLT 02 10 40 (2%Dicke, 10% Wölbung, 40%) hat in ihrem bevorzugten Betriebsbereich einen vertretbaren Widerstandsbeiwert von $\{0.003 < c_W < \text{bis } 0.07\}$.

Die Marconi-Konfiguration ist uns am besten vertraut. Betrachten wir zuerst drei sehr unterschiedliche Geschwindigkeitsschichtungen und die daraus resultierenden graduellen Auftriebsverteilungen an einem klassischen Dreieck-Hochsegel. In anderen Wissenschaften und Gewerben sind logarithmische Verteilungen etablierte Modelle, die eine reale Verteilungen hinreichend abbilden. Die lineare Verteilung, also das Modell das sich intuitiv beim Segeln im Hinterkopf ausbreitet, schneidet schlecht ab. Das Modell der konstanten Anströmgeschwindigkeit dagegen, entnommen aus der Wetterkarte und direkt übertragen auf das Geschehen an Bord, gibt den Charakter der realitätsnahen logarithmische Verteilung der Auftriebskräfte über die Tragflügelfläche wieder, übervorteilt aber das Auftriebsgeschehen am Marconi-Segel. Erwartungsgemäß bildet das Kräfteprofil hier eine Art „Büffelkurve" aus. Weil die Segelkraft das Integral über die partiellen Kräfte über die Tragfläche ist, bleibt der dynamische Druckmittelpunkt niedrig und damit das Krängungsmoment bei gegebener Segelkraft geringer, als wir es beispielsweise bei einem modernen Trapez-Segel – der Wildtyp-Variante unserer NINIGO-Geometrie - erwarten. Dies macht ein Segel in Marconi-Konfiguration zu einer sehr sympathischen Antriebsquelle.

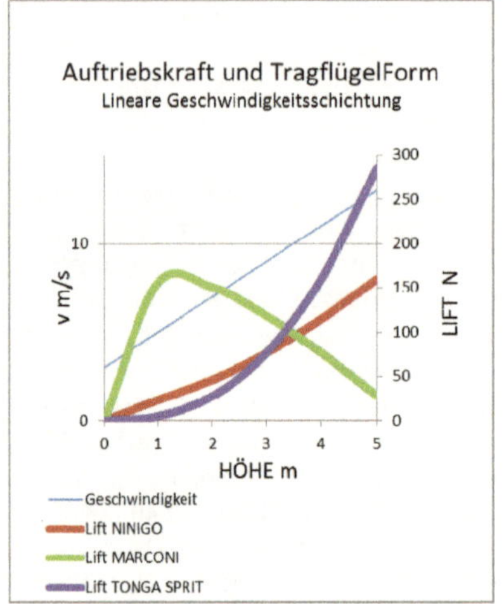

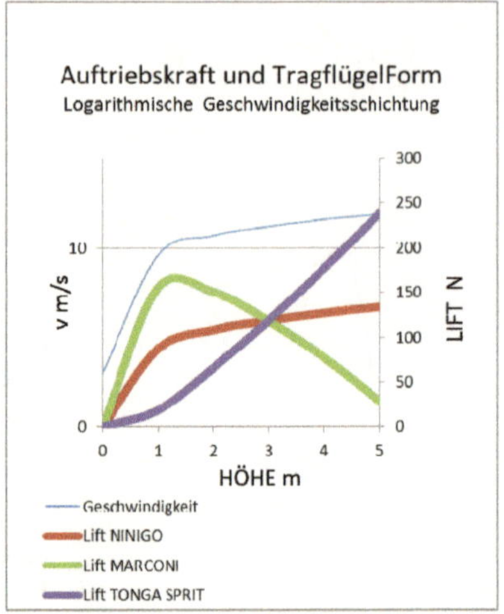

Vergleichen wir nun die Verteilung der Auftriebskräfte der drei Tragflügelkonfigurationen in Abhängigkeit von einem Geschwindigkeitsgradienten in den Anströmbedingungen. Für die nachfolgenden Untersuchungen sollten wir uns vernünftigerweise von der Vorstellung einer linearen Geschwindigkeitsverteilung trennen. Die Gegenüberstellung der beiden Graphen oben soll lediglich verdeutlichen wie stark der der Einfluss eines - auf dem Schiff, vielleicht sehr leger angenommenen - Deutungsmodells auf die Realitätsnähe der Simulation sein kann. Die Graphik links zeigt die Berechnung mit einer linearen Geschwindigkeits-verteilung, rechts mit einem logarithmischen Ansatz; dieser soll nachfolgend Relevanz besitzen. Die dünn gezeichnet, blaue Kurve zeigt

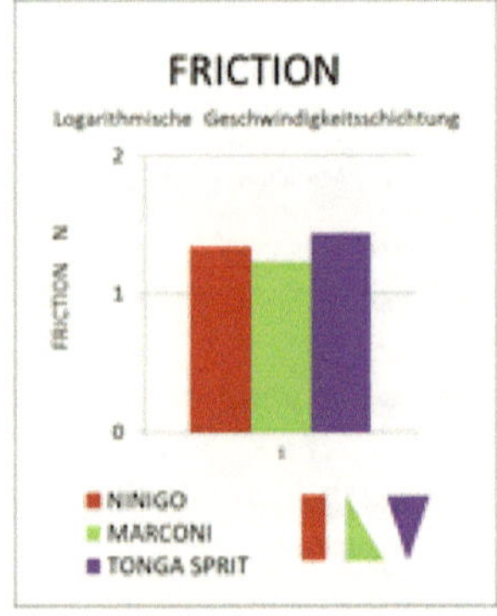

die Geschwindigkeitsverteilung über die funktionale Höhe des Segels. Die Auftriebsentwicklung der NINIGO-Konfiguration folgt dem Kurvenverlauf. Bei etwa drei Metern Masthöhe besitzen alle drei Kurvenzüge einen Schnittpunk. Dass dieser gerade bei h=3m verortet ist, sei den speziellen Randbedingungen geschuldet sein und ist als eher zufällig anzusehen. Der Umstand dass überhaupt ein Schnittpunkt (MARCONI X TONGA SPRIT) existiert und die doch recht unterschiedlichen Charaktere der beiden Konfigurationen beleuchtet, ist aber bemerkenswert.

Die Vortriebskraft zum Segeln ist das Integral über partialen Liftbeiträge der Tragflügelsektoren. Im Nachhinein betrachtet hat es mich ein wenig erstaunt, dass die kumulierten Auftriebskräfte der drei Tragflügelkonfigurationen des Sieben-Quadratmeter-

Riggs so nahe beieinander liegen. Das Gleiche gilt für den (axialen) Widerstand aus der Reibung an der benetzten Oberfläche der Segel.

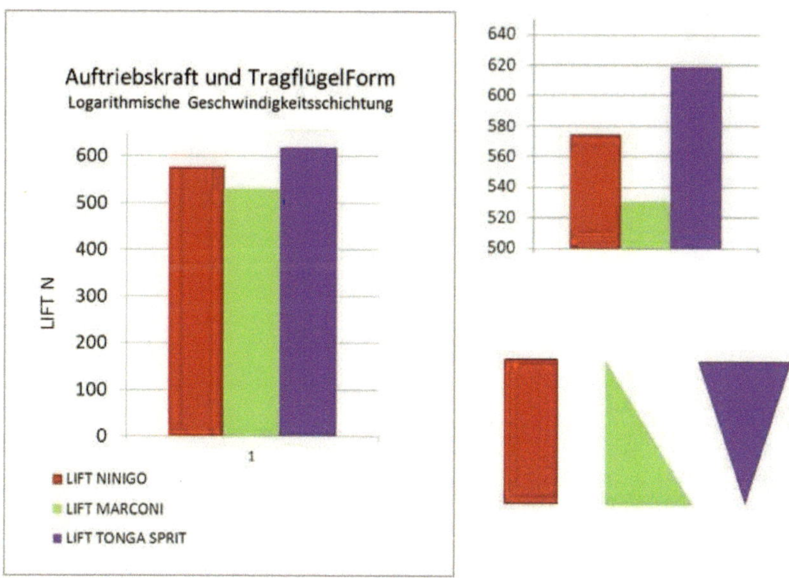

Gleichzeitig ist dies ein beruhigendes Simulationsergebnis. Den Yachtdesigner interessiert natürlich der für die Fahrleistung eines Bootes wichtige integrale Vortriebsbeiwert (Design Lift Coefficient, CDL), der sich aus der Schubkraft des Riggs berechnen lässt.

$$\text{Lift:} \quad C_{DL} = (2 \cdot L) / \rho \cdot A \cdot v^2 \qquad \text{Drag:} \quad C_{DD} = (2 \cdot L) / \rho \cdot A \cdot v^2$$

Über alle Kurse ist die gemittelte Geschwindigkeit an der Anströmkante des Tragflügelprofils v_{MTT} = V_{NENN} = 10 m/s. Für diese Geschwindigkeit berechnen wir den DLC. Für eine maximal am Tragflügel wirksame Strömungsgeschwindigkeit von V_{MAX} = 11.9 m/s werden ist der DLC*-Wert in der Tabelle ausgewiesen. Für das Profil PLT 02 10 40 (Gewölbte Platte, 2%Dicke, 10% Wölbung, 40%) hatten wir einen Liftbeiwert von CL(a=xx°)=1.35 angenommen. In einer Gradientenströmung hält das Segel NINIGO annähernd diesen lokalen Auftriebskoeffizienten mit einem Verlust von 1,5%, MARCONI büßt 6% ein und TONGA SPRIT legt um 10% zu. Im Fall der maximalen Anströmgeschwindigkeit von V_{MAX} = 11.9 m/s haben alle drei Konfigurationen Einbußen gleichen Trends.

Design Lift Coefficient, CDL						
	Configuration	LIFT N	DRAG N	CDL*	CDL	ΔCDL %
I	NINIGO	574.8	1.3	0.96	1.37	1.48
II	MARCONI	530.6	1.2	0.89	1.27	5.93
III	TONGA SPRIT	618.9	1.4	1.04	1.48	9.63

MARCONI + logarithm. GeschwindigkeitsModll

Traglinie	Profiltiefen t [m]	Sektorenflächen dA [m2]	Dichte kg/m3	projFläche dAp [m2]	v-travel 1 m/s	v-gas 1 m/s	v-ue m/s	CL-Lift	dLift N	CW	dWake N	CR	dFric N	CIRC m2/s
SW	2,8	0	1,2	0	3	0	3	1,35	0	0,056	0	0,0013	0	5,67
S1	2,2	2,5	1,2	0,01	3	6,6	9,6	1,35	155,52	0,056	0,03096576	0,0013	0,359424	14,256
S2	1,7	1,95	1,2	0,01	3	7,7	10,7	1,35	150,69746	0,056	0,03846864	0,0013	0,3482786	12,278
S3	1,1	1,4	1,2	0,01	3	8,2	11,2	1,35	118,5408	0,056	0,04214784	0,0013	0,273961	8,316
S4	0,6	0,85	1,2	0,01	3	8,6	11,6	1,35	77,2038	0,056	0,04521216	0,0013	0,1784266	4,698
ST	0	0,3	1,2	0,01	3	8,9	11,9	1,35	28,676025	0,056	0,04758096	0,0013	0,0662735	0
Total		7		0,05					530,63809		0,20437536		1,2263636	

TongaSprit + logarithmisches Modell

Traglinie	Profiltiefen t [m]	Sektorenflächen dA [m2]	Dichte kg/m3	projFläche dAp [m2]	v-travel 1 m/s	v-gas 1 m/s	v-ue m/s	CL-Lift	dLift N	CW	dWake N	CR	dFric N	CIRC m2/s
SW	0	0	1,2	0	3	0	3	1,35	0	0,056	0	0,0013	0	0
S1	0,6	0,3	1,2	0,01	3	6,6	9,6	1,35	18,6624	0,056	0,03096576	0,0013	0,0431309	3,888
S2	1,1	0,85	1,2	0,01	3	7,7	10,7	1,35	65,688638	0,056	0,03846864	0,0013	0,1518137	7,9448
S3	1,7	1,4	1,2	0,01	3	8,2	11,2	1,35	118,5408	0,056	0,04214784	0,0013	0,273961	12,852
S4	2,2	1,95	1,2	0,01	3	8,6	11,6	1,35	177,1146	0,056	0,04521216	0,0013	0,4093315	17,226
ST	2,8	2,5	1,2	0,01	3	8,9	11,9	1,35	238,96688	0,056	0,04758096	0,0013	0,552279	22,491
Total		7		0,05					618,97331		0,20437536		1,4305161	

NINIGO + logarithmisches Modell

Traglinie	Profiltiefen t [m]	Sektorenflächen dA [m2]	Dichte kg/m3	projFläche dAp [m2]	v-travel 1 m/s	v-gas 1 m/s	v-ue m/s	CL-Lift	dLift N	CW	dWake N	CR	dFric N	CIRC m2/s
SW	0	0	1,2	0	3	0	3	1,35	0	0,056	0	0,0013	0	0
S1	1,4	1,4	1,2	0,01	3	6,6	9,6	1,35	87,0912	0,056	0,03096576	0,0013	0,2012774	9,072
S2	1,4	1,4	1,2	0,01	3	7,7	10,7	1,35	108,19305	0,056	0,03846864	0,0013	0,2500462	10,112
S3	1,4	1,4	1,2	0,01	3	8,2	11,2	1,35	118,5408	0,056	0,04214784	0,0013	0,273961	10,584
S4	1,4	1,4	1,2	0,01	3	8,6	11,6	1,35	127,1592	0,056	0,04521216	0,0013	0,293879	10,962
ST	1,4	1,4	1,2	0,01	3	8,9	11,9	1,35	133,82145	0,056	0,04758096	0,0013	0,3092762	11,246
Total		7		0,05					574,8057		0,20437536		1,3284398	

ZIRKULATION und WIDERSTAND

Bei aller Freude über die Leistungsfähigkeit der Tonga-Sprit-Konfiguration bleibt die Zirkulation um die Tragflügelspitze eines endlichen Flügels der in theoretischen Betrachtungen so oft vernachlässigte Faktor. Nach dem Satz von Kutta-Joukowsky kann die auftriebsbehaftete Umströmung eines Profils als Kombination aus Parallel- und Zirkulationsströmung betrachtet werden, wenn die (Kutta'sche) Abflussbedingung erfüllt ist.

Diese fordert ein glattes Abströmen des Fluids an der Hinterkante. In der Tragflügeltheorie wird der Lift einer endlichen Tragfläche über die Zirkulation Γ am Randbogen des Flügels beschrieben. Die Evaluation der Identität der Auftriebsformel führt auf eine Form $\Gamma = F(c_L,t,v)$ nach Prandtl:

Lift L [N]: $\qquad L = \Gamma \cdot \rho \cdot v \cdot b = c_L \cdot A\,\tfrac{1}{2} \cdot \rho \cdot v^2$

Zirkulation $\Gamma\ [m^2\,s^{-1}]$ $\qquad \Gamma = c_L \cdot \tfrac{1}{2}\,t \cdot v$

Die Zirkulation ist nach der Prandtl-Gleichung sowohl von der Konturtiefe t [m] eines Profils (mit dem Liftbeiwert c_L) als auch von der in dieser Ebene herrschenden Strömungsgeschwindigkeit v [m/s] linear abhängig sowie (definitorisch) vom Schlankheitsgrad $\lambda = b^2/A_a$ also $\lambda = b/t$ eines rechteckigen „Vergleichsflügels". Diese Vergleichsgeometrie in Verbindung mit einer (von Prandtl vorausgesetzten) elliptischen Auftriebsverteilung bereitet in der Argumentation um unsere Sache natürlich Sorge, ist doch ein Dreieck kein Viereck. Für den Rechteckflügel erhält man mit: $W_i = 2 \cdot c_L \cdot \Gamma^2/(\pi \cdot \lambda)$ eine starke Abhängigkeit des induzierten Widerstands von der Zirkulation am Tragflügelende.

Da wir die Liftkraft sektoral ermitteln, soll diese zusätzlich Information nicht in den vereinfachenden Modellannahmen verschwinden, so elegant die Form: $W_i = F(\Gamma^2,\lambda)$ für den geneigten Leser auch sein mag! Die Zirkulation am Randbogenelement wirft ohnehin eine Reihe von Fragen auf. Die Einheit der Zirkulation $\Gamma\ [m^2 s^{-1}]$ erscheint insofern seltsam, solange wir uns nicht vergegenwärtigen, dass der Tragflügel an seinem Randbogen eine Umformleistung am Fluid vollbringt. Die Zirkulation darf also als ein Element in einem strömungsdynamischen Produktionsterm angesehen werden. Von einer fluiddynamisch wirksamen Tragfläche wird produziert:

Liftleistung $\qquad P_L = \Gamma \cdot \rho \cdot v^2 \cdot b = c_L \cdot A\,\tfrac{1}{2} \cdot \rho \cdot v^3$ (axialer Leistungsaustrag)

Widerstandsleistung $P_W = \tfrac{1}{2} \cdot \rho \cdot v^3 \cdot \Sigma_i(c_{Wi} \cdot A_i)$ (radialer Leistungsaustrag)

inklusive der Verformungsleistung am Fluid.

In der kumulierten Widerstandsleistung kommt dem induzierten Widerstand die bedeutende Rolle zu. Der induzierte Widerstand und der Koeffizient des induzierten Widerstands sind wie oben gezeigt herleitbar als:

Nach Prandtl und mit $c_i = c_L^2/2\pi$: $\qquad W_i = c_i \cdot A\,\tfrac{1}{2} \cdot \rho \cdot v^2 = L^2 / (\pi \cdot \tfrac{1}{2} \cdot \rho \cdot v^2 \cdot b^2)$

Die Zirkulation am Flügeltopp: $\qquad \Gamma = c_L \cdot \tfrac{1}{2}\,t \cdot v$; mit dem Schlankheitsgrad $\lambda = b/t$

folgt der induzierte Widerstand: $\qquad W_i = 2 \cdot \Gamma \cdot L / (t \cdot v \cdot \pi \cdot \lambda) = W_i = 2 \cdot \Gamma \cdot L / (b \cdot v \cdot \pi)$

Induzierter Widerstand und Verlustleistung durch Randwirbel am Tragflügeltopp						
	Tragflügel	LIFT	LIFT-Leistung	PROFIL-TIEFE	ZIRKU-LATION	Induzierter Widerstand	Wirbel-Leistung
	Konfiguration	L [N]	P_L [W]	t [m]	$\Gamma[m^2/s]$	W_i [N]	P_W [W]
I	NINIGO	574.8	6840.1	1.4	11.2	68.8	818.7
II	MARCONI	530.6	6307.0	0.3*	2.4	13.6	161.8
III	TONGA SPRIT	618.9	7354.2	2.8	22.5	148.9	1771.3
	Re 10E6; Medium Luft, c_L = 1.35; ρ = 1.2 kg/m3; v_{WIRK} = 11.9 m/s; b = 5 m;						
	*ermittelt aus dem Dreiecksegment der Partialfläche am Segeltopp: t= 0.3 m						

Unter den (kumulierten) Partialwiderstanden eines Tragflügelsystems kommt dem induzierten Widerstand ja der größte Anteil zu. Dies wird zu zeigen sein, wenn die Widerstandsbeiträge quantifiziert werden. Bei den drei zum Vergleich stehenden Geometriekonfigurationen ist es das TONGA-SPRIT-Segel, das bei gleichen Anströmverhältnissen den größten Ertrag an Vortrieb einführt; aber zu einem hohen Preis. Der induzierte Widerstand ist die Währung in der man bezahlt, wenn man Querkraft bestellt hat. Ich möchte an dieser Stelle nicht darüber spekulieren, warum die Polynesier offenbar gerne bereit waren, diesen Preis zu zahlen. Sie taten es eben.

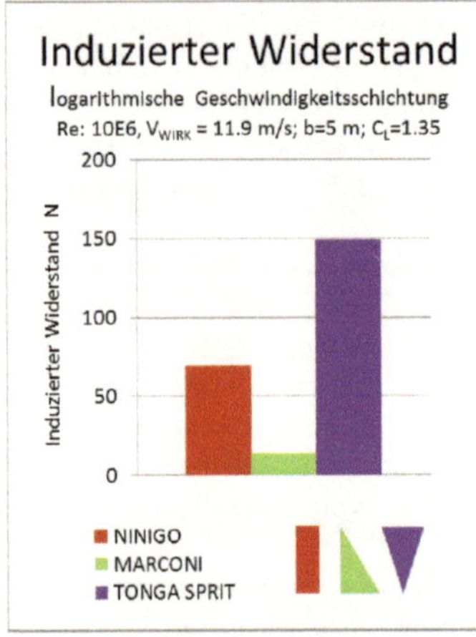

Das TONGA SPRIT-Segel, wie wir es heute kennen, ist wahrscheinlich nur eine vereinfachte Variante der wohlgeformten polynesischen Krabbenscherensegel. Hiervon war bereits die Rede. Die frühesten Funde von Segeln dieser Art werden auf eine Zeit um 2500 Jahre vor unserer Zeitrechnung datiert. Den ersten Kontakt zur maritimen Technik der Polynesier haben die Europäer in den 40er Jahren des 17ten Jahrhunderts. Bis zu dieser Zeit haben die Krabbenscherensegel ihre maritime Technikevolution sehr wahrscheinlich bereits lange abgeschlossen, nachdem sie bis dahin mindestens 4000 Jahre in ihrer Funktions- und Konstruktionsweise verharren. Viertausend Jahre sind für jede artifizielle Evolution und für jede durch narrative Wissens- und Informationsvermittlung getragene technische Weiterentwicklung ein extrem langer Zeitraum. Selbst wenn man davon ausgeht, dass – ähnlich wie heute noch Designer und Ingenieure mit Zeichnungen kommunizieren – das Wissen über die maritime Technik und die zugehörige Technologie durch Objekte und Gewerke weitergetragen wird, sprechen wir von 150 und mehr Generationen und wir sprechen über eine im gigantisch großen Experimentierlabor des ozeanischen Raums, parallel verlaufende Technikevolution mit sehr geringer Variation der verteilt angewandten Gestaltungsparadigmata. Mit anderen Worten: Das Krabbenscherensegel in seiner originären Gestalt sollte eine Optimal-Konstruktion sein, die sich zuerst etablierte und dann als Konstruktionsparadigma verharrte. Seine uns in Gestalt und Modell der TONGA-SPRIT-Konfiguration hier interessierende Variante weist gewisse gemeinsame Merkmale mit dem (eigentlichen, nicht durch Europäer domestizierten) Krabbenscherensegel auf, am auffälligsten wohl in seiner wie ein auf der Spitze stehendes Dreieck anmutenden Gestalt. Aus strömungsmechanischer Sicht ist dort die sehr lange, frei in die Strömung hineinragende Tragflügelkante relevant. Der von diesem Randbogen generierte Wirbel und der von diesem Wirbel erzeugte Widerstand, ist erheblich. Wir sehen im vergleichenden Säulendiagramm einen induzierten Widerstand von etwa einhundert-fünfzig Newton. Die von jedem modernen Tragflügel generierte Wirbelenergie wird als kritisch eingestuft, denn von einem Fahrzeug, sei es ein Segelschiff, ein Segelapparat (America's Cup) oder ein Flugzeug, muss die in den Wirbeln und in die Formänderung des (gegebenenfalls stehenden) Fluids abgeführte Energie erst einmal aufgebracht werden. Deshalb ist der Verlust von Randwirbelenergie essentiell insbesondere dann, wenn der Anteil an der Gesamtenergie des Fahrprozesses derart groß ist. Der Verzehr an Widerstands- und Wirbelenergie bzw. die Reduktion der Verlustenergie ist deshalb Gegenstand rezenter Forschung und Entwicklung. Die Fortschritte auf dem Gebiet der Randwirbelkontrolle bleiben aber weit hinter den Erwartungen aller an diesen Fragestellungen Arbeitenden zurück. Immerhin, bei Flugzeugen sind inzwischen so genannte „Winglets" Stand der Technik, kleine „Anflügel", die die Randwirbelentwicklung vorteilhaft beeinflussen. Bei Seefahrzeugen sucht man ähnliche Lösungsansätze für Leit- und Steuertragflächen bislang vergebens. Warum tritt die Entwicklung hier auf der Stelle? Ein Grund mag die komplizierte Zertifizierung von Luft- und Seefahrzeugen, die eine Vorlaufzeit der Innovation bis zu deren Realisierung am Flugzeug oder Schiff von durchaus einer Dekade erfordert sein. Vielleicht ist es auch ein Kommunikationsproblem zwischen Forschern und Entwicklern.

Besitzt man Kenntnisse über die aus dem Randwirbelgeschehen herrührende Widerstandskraft, kann die (theoretische) Verlustleistung, also die im Prozess in das Fluid eingekoppelte fluidische Leistung hergeleitet werden:

$$P_{WIRBEL} = 2 \cdot \Gamma \cdot L \cdot v / (b \cdot v \cdot \pi) \;=\; 2 \cdot \Gamma \cdot L / (b \cdot \pi) \quad [\text{N m}^2/\text{s/m}], [\text{W}]$$

Die Formel gilt formal nur für Rechtecktragflügel oder schlanke Trapeze. Ich verwende sie hier dennoch, wenn auch sehr vorsichtig. Die theoretische (Netto-) Verlustleistung ist somit hier die vom Tragflügel „wahrscheinlich" in die Strömung eingekoppelte Leistung. Der Flügel funktioniert in diesem Fall als Arbeitstragfläche. Bei einem Schiff, respektive einem Segelsystem wird die Antriebsleistung auch zum Manövrieren verbraucht; Seefahrzeuge sind deshalb sowohl Arbeits- als auch Kraftmaschinen, was ihre energetische Analyse verkompliziert. So abstrakt der Begriff der reversiblen Leistung auch sein mag, der normale intuitive Menschenverstand kann sich ein physikalisches Phänomen das mit „Kilowatt" bemessen wird, einfach leichter vorstellen als eine Energie, die in „Joule" oder sogar in „Kilokalorien" gemessen wird und bei Schokoriegeln dick macht. Natürlich staunen wir, wenn die Antriebsleistung eines vergleichsweise kleinen Tragflügels 7 [kW] (eine 125er Honda DAX bei Vollgas) beträgt und gleichzeitig die Verluste mit 1.8 [kW] (ein Reiseföhn) zu Buche schlagen. Weiterführende Untersuchungen an Krabbenscherensegeln werden die fluiddynamischen Mechanismen zu entschlüsseln haben, die es den polynesischen Wert waren, Tragflügelkonfigurationen zu bevorzugen, die uns moderne Konstrukteure bestenfalls an den ungeliebten Nabla-Operator erinnern.

Bibliographie

[Abbo-59]   Ira H. Abbott, Albert E. von Doenhoff: Theory of Wing Sections: Including a Summary of Airfoil Data. Dover Publications, New York 1959.

[Bech-93]   Bechert, D.W.: Verminderung des Strömungswiderstandes durch bionische Oberflächen. In: VDI-Technologieanalyse Bionik, S. 74 – 77. VDI-Technologiezentrum Düsseldorf 1993.

[Bech-97]   Bechert, D.W., Biological Surfaces and their Technological Application. 28th AIAA Fluid Dynamics Conference: 1997

[Beth-03]   Bethwaite, F. (2003) High Performance Sailing. A&C Black Publisher Limited. London, S. 53 ff.

[Die 17-6]   Dienst, Mi. (2017) Reihenuntersuchung zu elliptischen Profilkonturen für Leit- und Steuertragflächen. Zur Analyse der Strömungswirklichkeit von Surfboard-Finnen. GRIN-Verlag GmbH München, ISBN(Buch): 9783668390751.

[Die 17-4]   Dienst, Mi. (2017) Superformance of Surfboard Fins. Bionik, Leistungsähnlichkeit und affine Skalierung. GRIN-Verlag GmbH München, ISBN(Buch): 9783668377158

[Die 17-3]   Dienst, Mi. (2017) Performance und Downsizing von Surfboardfinnen. Beitrag zur Phänomenologie und Strömungswirklichkeit. GRIN-Verlag GmbH München, ISBN(Buch): 9783668374898

[Die 17-1]   Dienst, Mi. (2017) Zur numerischen Analyse einer Laborfinne. Mittelschnittverfahren und Manövrierleistung. GRIN-Verlag GmbH München, ISBN(Buch): 9783668374195.

[Die15-7]   Dienst, Mi. (2015) Dossier über die Forschung der BIONIC RESEARCH UNIT der Beuth Hochschule für Technik Berlin, GRIN-Verlag GmbH München, ISBN (Buch) 978-3-668-02184-6.

[Die13-3]   Dienst, Mi.(2013) Reihenuntersuchung zu Profilkonturen für Leit- und Steuerflächen von Seefahrzeugen. Datenreihe ERpL2050. GRIN-Verlag GmbH München, ISBN 978-3-656-47215-5

[Die11-4]   Dienst, Mi.(2011) Methoden in der Bionik. Die Reynoldsbasierte Fluidische Fitness. GRIN-Verlag GmbH München.

[Die09-4]   Dienst, Mi.(2009) Physical Modelling driven Bionics. GRIN-Verlag München.

[DUB-95]   Dubbel, Handbuch des Maschinenbaus, Springer Verlag Berlin, 15.Auflage 1995.

[Eppl-90]   Richard Eppler: Airfoil Design and Data. Springer, Berlin, New York 1990.

[Fli-02]   Flindt, R. (2002) Biologie in Zahlen Berlin: Spektrum Akademischer Verl.

[Fren-94]   French, M.: Invention and Evolution: design in nature and engineering. Cambridge University Press. Cambridge 1994.

[Fren-99]   French, M.: Conceptual Design for Engineers. Berlin, Heidelberg, New York, London, Paris, Tokio: Springer: 1999

[Gel-10]   Produktinformation, 05 2010, GELITA 69412 Eberbach. www.gelita.com

[Guen-98]   Günther, B., Morgado, E. (1998) Dimensional analysis and allometric equations concerning Cope's rule. Revista Chilena de Historia Natural 71: 331-335, 1989

[Gör-75]   Görtler, H. Diemensionsanalyse. Berlin Springer 1975

[Gorr-17]   Edgar Gorrell, S. Martin: Aerofoils and Aerofoil Structural Combinations. In: NACA Technical Report. Nr. 18, 1917.

[Guen-66]   Günther, B., Leon, B. (1966) Theorie of biological Similarities, nondimensional Parameters and invariant Numbers. Bulletin of Mathematical Biophysics Volume 28, 1966.

[Gutm-89]   Gutmann, W.: Die Evolution hydraulischer Konstruktionen. Verlag W. Kramer: Frankfurt am Main, 1989.

[Hüt-07]   Hütte, 2007, 33. Auflage, Springer Verlag. S.E147

[Hux-32]   Huxley, J.S. (1932) Problems of relative Growth. London: Methuen.

[Katz-01]   Joseph Katz, Allen Plotkin (2001) Low-Speed Aerodynamics (Cambridge Aerospace Series) Cambridge University Press; 2 edition (February 5, 2001)

[Liao-03]   Liao, J.C.; Beal, D.; Lauder, G.; Triantayllou, M. Fish Exploting Vortices Decrease Muscle Activty. In: Science 2003, S. 1566-1569. AAAS. 2003.

[Lech-14]   Lecheler, S. (2014) Numerische Strömungsberechnung Springer Verlag Berlin Heidelberg. ISBN 978-3-658-05201-0

[Matt-97]   Mattheck, C.: Design in der Natur. Rombach Verlag. Freiburg 1997.

[Mar-97]   Marchaj, C. A. (1997) Die Aerodynamik der Segel. Theorie und Priaxis. Delius Klasing ISBN 3-7688 1017-8

[Mial-05]   B. Mialon, M. Hepperle: "Flying Wing Aerodynamics Studies at ONERA and DLR", CEAS/KATnet Conference on Key Aerodynamic Technologies, 20.-22. Juni 2005, Bremen.

[Nac-01]   Nachtigall, W. (2001) Biomechanik. Braunschweig: Vieweg Verlag.

[Nach-98]   Nachtigall, W. : Bionik – Grundlagen und Beispiele für Ingenieure und Naturwissenschaftler. Springer-Verlag, Berlin-Heidelberg-New York 1998.

[Nach-00]   Nachtigall, Werner; Blüchel, Kurt. Das große Buch der Bionik. Stuttgart: Deutsche Verlags Anstalt: 2000.

[Oert-11]   Oertel jr., H., Böhle, M., Reviol, Th. (2011) Strömungsmechanik, Grundlagen. Springer Verlag Berlin Heidelberg. ISBN 978-3-8348-8110-6

[PaBe-93]   Pahl. G.; Beitz, W.: Konstruktionslehre, 3.Auflage. Berlin- Heidelberg-New York-London-Paris-Tokio: Springer 1993

[Pflu-96]   Pflumm, W. (1996) Biologie der Säugetiere. Berlin: Blackwell Wissenschaftsverlag.

[Scha-13]   Schade, H. (2013) Strömungslehre. De Gruyter Verlag. ISBN-13: 978-3110292213

[Schü-02]   Schütt, P., Schuck, H-J., Stimm, B. (2002) Lexikon der Baum- und Straucharten. Nikol, Hamburg, ISBN 3-933203-53-8

[Tham-08]   Siekmann, H.E., Thamsen, P. U. (2008) Strömungslehre Grundlagen, Springer Verlag Berlin Heidelberg. ISBN 978-3-540-73727-8

[Tho-59]   Thompson, D'Arcy, W. (1959) On Growth and Form. London: Cambridge University Press. (Neuauflage der Originalschrift 1907)

[Tho-92]   Thompson, D W., (1992). *On Growth and Form*. Dover reprint of 1942 2nd ed. (1st ed., 1917). ISBN 0-486-67135-6

[Tria-95]   Triantafyllou, M.: Effizienter Flossenantrieb für Schwimmroboter. In: Spektrum der Wissenschaft 08-1995, S. 66–73. Spektrum der Wissenschaft- Verlagsgesellschaft mbH, Heidelberg 1995.

[Zie - 72]   Zierep, J. (1972) Ähnlichkeitsgesetze und Modellregeln der Strömungslehre.

[Vos-15-2]   M. Voß, H.-D. Kleinschrodt, M. Dienst: "Experimentelle und numerische Untersuchung der Fluid-Struktur-Interaktion flexibler Tragflügelprofile", Resarch Day 2015 - Stadt der Zukunft Tagungsband - 21.04.2015, Mensch und Buch Verlag Berlin, S. 180- 184, Hrsg.: M. Gross, S. von Klinski, Beuth Hochschule für Technik Berlin, September 2015, ISBN:978-3-86387-595-4.

[Vos-15-1]   M. Voss, P.U. Thamsen, H.-D. Kleinschrodt, M. Dienst (2015): "Experimeltal and numerical investigation on fluid-structure-interaction of auto-adaptive flexible foils", Conference on Modelling Fluid Flow (CMFF'15), Budapest, Ungarn, 1.-4. September 2015, ISBN (Buch): 978-963-313-190-9.

[Vos-15-2]   M. Voss, (2015) Experimentelle und numerische Untersuchung flexibler Tragflügelprofile. Dissertation, Technische Universität Berlin 2015.

Bildmaterial

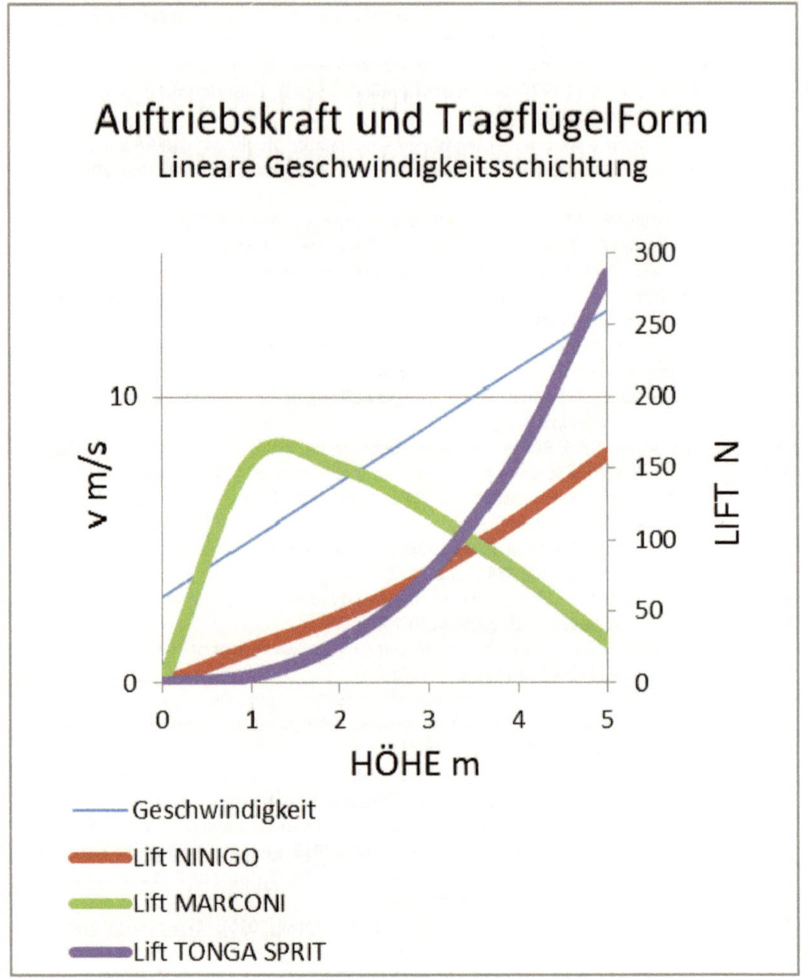
Auftriebskraft und TragflügelForm
Lineare Geschwindigkeitsschichtung
v m/s
10
0
300
250
200
150
100
50
0
LIFT N
0
1
2
3
4
5
HÖHE m
Geschwindigkeit
Lift NINIGO
Lift MARCONI
Lift TONGA SPRIT

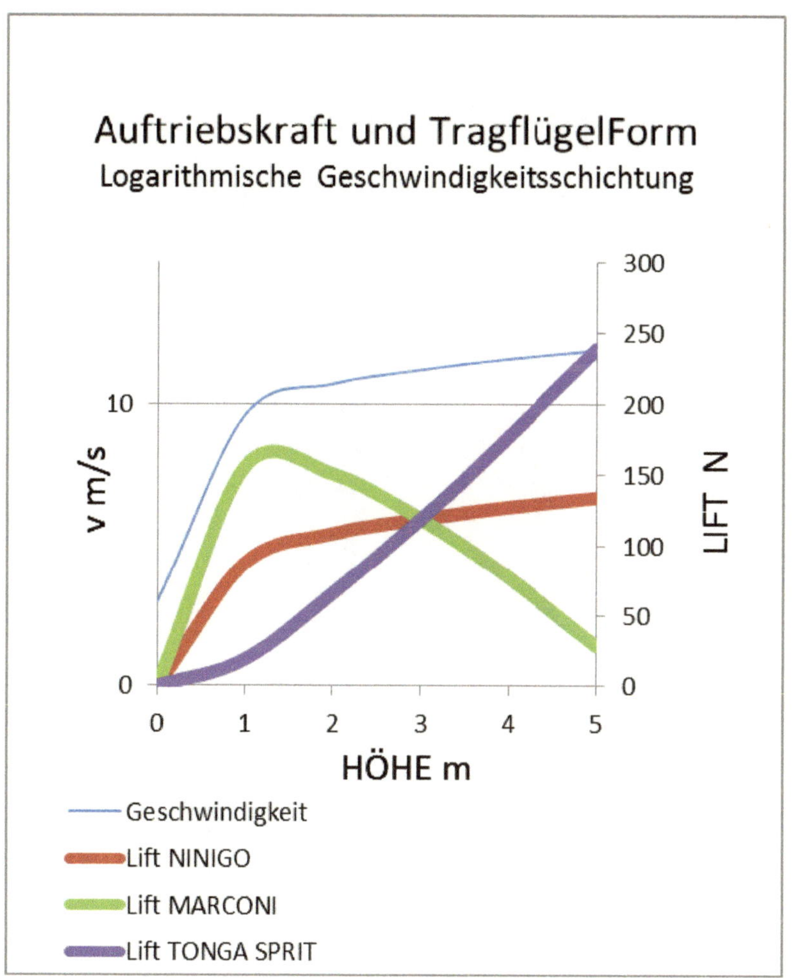

Auftriebskraft und TragflügelForm
Logarithmische Geschwindigkeitsschichtung
v m/s
LIFT N
HÖHE m
300
250
200
150
100
50
0
10
0
0 1 2 3 4 5
Geschwindigkeit
Lift NINIGO
Lift MARCONI
Lift TONGA SPRIT

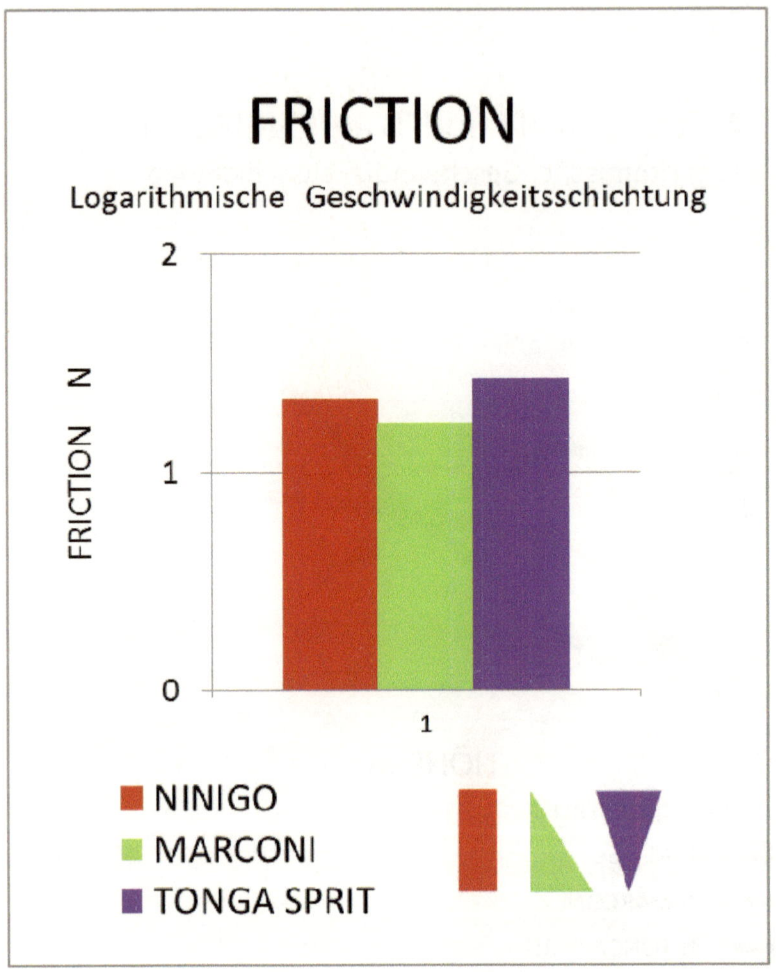
FRICTION
Logarithmische Geschwindigkeitsschichtung
2
1
0
FRICTION N
1
NINIGO
MARCONI
TONGA SPRIT

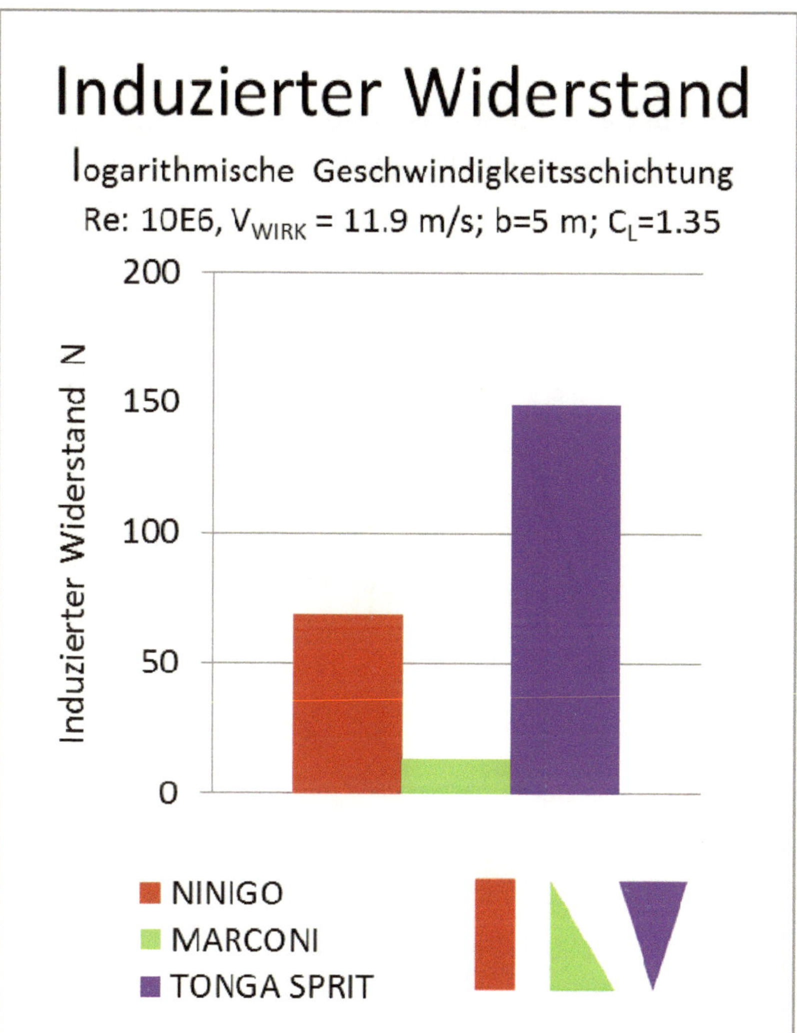
Induzierter Widerstand
logarithmische Geschwindigkeitsschichtung
Re: 10E6, V_{WIRK} = 11.9 m/s; b=5 m; C_L=1.35
200
150
100
50
0
Induzierter Widerstand N
NINIGO
MARCONI
TONGA SPRIT

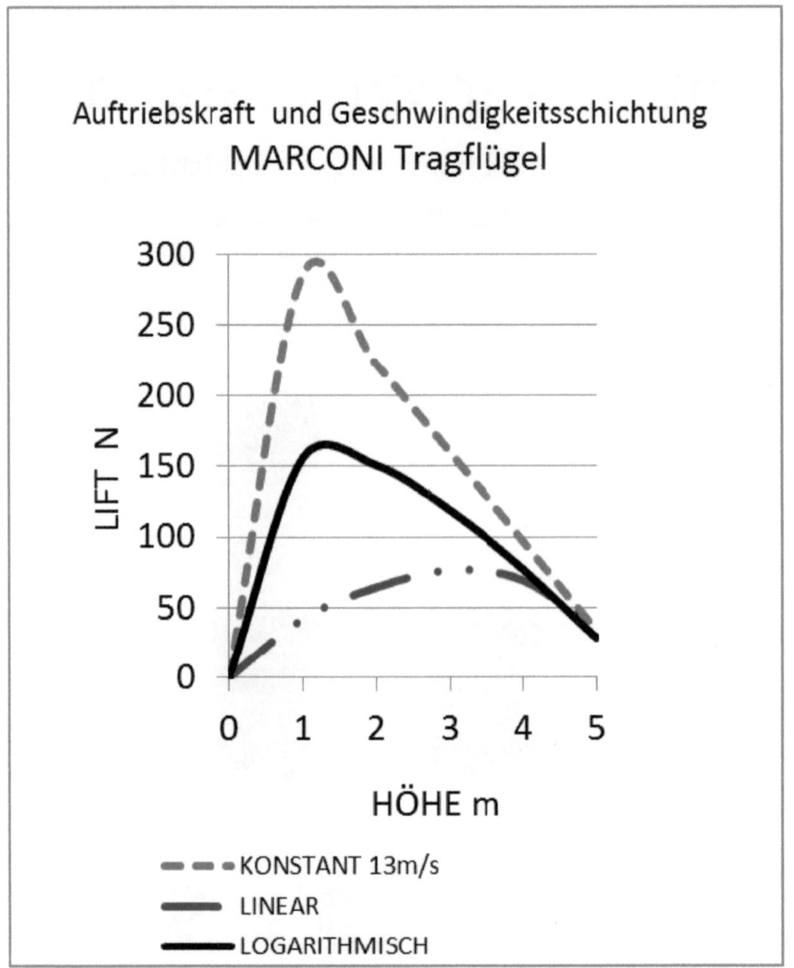

Auftriebskraft und Geschwindigkeitsschichtung
MARCONI Tragflügel
LIFT N
300
250
200
150
100
50
0
0 1 2 3 4 5
HÖHE m
KONSTANT 13m/s
LINEAR
LOGARITHMISCH

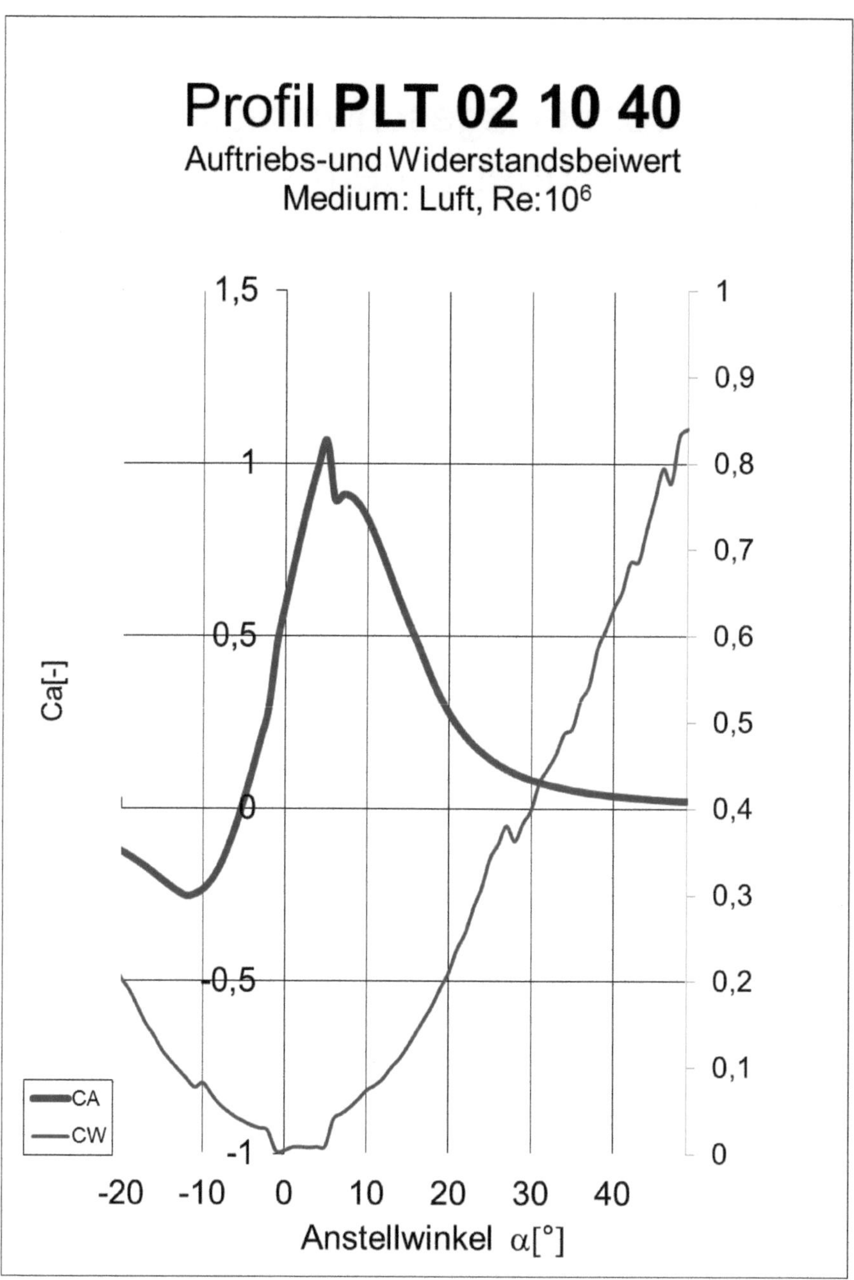
Profil PLT 02 10 40
Auftriebs-und Widerstandsbeiwert
Medium: Luft, Re:10^6
1,5
1
0,5
0
-0,5
-1
Ca[-]
1
0,9
0,8
0,7
0,6
0,5
0,4
0,3
0,2
0,1
0
-20
-10
0
10
20
30
40
Anstellwinkel α[°]
CA
CW

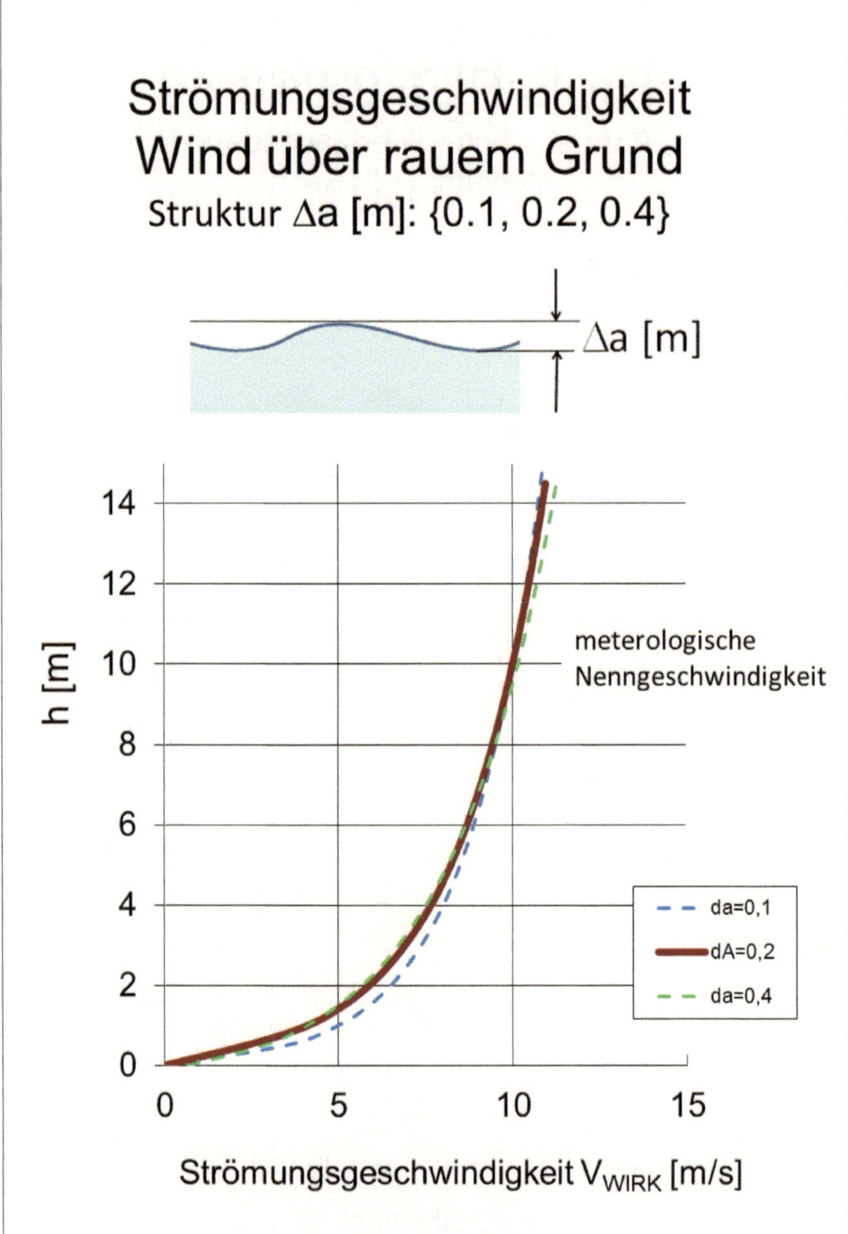

Strömungsgeschwindigkeit
Wind über rauem Grund
Struktur Δa [m]: {0.1, 0.2, 0.4}
Δa [m]
h [m]
14
12
10
8
6
4
2
0
meterologische
Nenngeschwindigkeit
da=0,1
dA=0,2
da=0,4
0
5
10
15
Strömungsgeschwindigkeit V_WIRK [m/s]

PLT 02 10 40 = 2%Dicke, 10% Wölbung, 40% Wölbungsrücklage

Cambered Plate 2% / f = 10% @ 40%

α	Cl	Cd	Cm 0.25	Cp*	M cr.
[°]	[-]	[-]	[-]	[-]	[-]
-20.0	-0.074	0.73565	-0.086	-46.759	0.119
-19.0	-0.079	0.68184	-0.084	-43.269	0.123
-18.0	-0.083	0.54806	-0.083	-39.886	0.128
-17.0	-0.087	0.50479	-0.084	-36.612	0.134
-16.0	-0.089	0.41953	-0.080	-33.454	0.140
-15.0	-0.088	0.38291	-0.078	-30.414	0.147
-14.0	-0.084	0.29718	-0.081	-27.496	0.155
-13.0	-0.075	0.23847	-0.084	-24.704	0.162
-12.0	-0.057	0.19917	-0.086	-22.041	0.171
-11.0	-0.027	0.16867	-0.085	-19.510	0.182
-10.0	0.016	0.13609	-0.086	-17.115	0.193
-9.0	0.075	0.11330	-0.086	-14.858	0.207
-8.0	0.147	0.09338	-0.087	-12.742	0.223
-7.0	0.230	0.07746	-0.087	-10.770	0.240
-6.0	0.322	0.06528	-0.087	-8.944	0.262
-5.0	0.421	0.05434	-0.089	-7.266	0.288
-4.0	0.525	0.04733	-0.091	-5.739	0.319
-3.0	0.629	0.04266	-0.092	-4.364	0.359
-2.0	0.732	0.03979	-0.094	-3.143	0.411
-1.0	0.833	0.03838	-0.097	-2.077	0.480
0.0	1.153	0.01374	-0.103	-1.167	0.579
1.0	1.266	0.01578	-0.113	-1.223	0.572
2.0	1.376	0.01645	-0.120	-1.313	0.559
3.0	1.192	0.03051	-0.099	-1.600	0.525
4.0	1.263	0.03495	-0.105	-2.189	0.471
5.0	1.313	0.04014	-0.087	-2.837	0.427
6.0	1.345	0.04681	-0.082	-3.542	0.391
7.0	1.353	0.05563	-0.079	-4.303	0.361
8.0	1.333	0.06710	-0.078	-5.120	0.336
9.0	1.289	0.08108	-0.077	-5.991	0.313
10.0	1.222	0.09452	-0.078	-6.916	0.295
11.0	1.140	0.11972	-0.078	-7.893	0.277
12.0	1.048	0.14616	-0.080	-8.921	0.263
13.0	0.953	0.17560	-0.080	-9.998	0.249
14.0	0.858	0.20555	-0.083	-11.125	0.237
15.0	0.769	0.24991	-0.083	-12.298	0.227
16.0	0.686	0.32066	-0.083	-13.518	0.217
17.0	0.604	0.39438	-0.086	-14.781	0.207
18.0	0.516	0.42613	-0.088	-16.088	0.199
19.0	0.441	0.55219	-0.085	-17.435	0.192
20.0	0.379	0.63098	-0.088	-18.822	0.185

α	Re	Mach	Λ	Cl	Cd	Cm 0.25
[°]	[-]	[-]	[-]	[-]	[-]	[-]
0.000	100000	0.000	∞	1.160	0.01372	-0.103

x/c	y/c	v/V	δ_1	δ_2	δ_3	Reδ_2	C_f	H_12	H_32	State	y1
[-]	[-]	[-]	[-]	[-]	[-]	[-]	[-]	[-]	[-]	[-]	[%]
1.0000	0.0000	0.1711	0.014427	0.006662	0.007426	114.0	0.0000	2.1655	1.1147	sep.	0.0000
0.9974	0.0013	0.7245	0.014427	0.006662	0.007426	482.7	0.0000	2.1655	1.1147	sep.	0.0000
0.9896	0.0051	0.9381	0.014427	0.006662	0.007426	625.0	0.0000	2.1655	1.1147	sep.	0.0000
0.9765	0.0111	1.0363	0.014427	0.006662	0.007426	690.4	0.0000	2.1655	1.1147	turb.	0.0000
0.9583	0.0188	1.1030	0.005773	0.003273	0.005290	382.2	0.0027	1.7635	1.6162	turb.	0.0274
0.9350	0.0279	1.1685	0.004730	0.002832	0.004649	342.6	0.0032	1.6699	1.6415	turb.	0.0252
0.9068	0.0376	1.2103	0.004117	0.002519	0.004161	312.9	0.0034	1.6344	1.6520	turb.	0.0242
0.8740	0.0475	1.2426	0.003876	0.002334	0.003839	293.9	0.0033	1.6605	1.6444	turb.	0.0245
0.8369	0.0572	1.2591	0.003655	0.002146	0.003504	274.2	0.0032	1.7029	1.6325	turb.	0.0252
0.7960	0.0667	1.2775	0.003488	0.001964	0.003169	254.7	0.0029	1.7759	1.6135	turb.	0.0264
0.7519	0.0758	1.2971	0.003406	0.001786	0.002829	235.4	0.0024	1.9067	1.5836	turb.	0.0290
0.7050	0.0843	1.3180	0.003552	0.001634	0.002508	218.5	0.0016	2.1744	1.5350	turb.	0.0350
0.6559	0.0919	1.3374	0.004865	0.001495	0.002283	202.9	0.0008	3.2550	1.5276	lam.	0.0508
0.6051	0.0984	1.3577	0.004541	0.001395	0.002131	191.3	0.0008	3.2555	1.5276	lam.	0.0494
0.5531	0.1035	1.3719	0.004167	0.001285	0.001964	178.5	0.0009	3.2420	1.5281	lam.	0.0471
0.5006	0.1072	1.3886	0.003929	0.001176	0.001792	165.4	0.0008	3.3423	1.5246	lam.	0.0499
0.4480	0.1094	1.4072	0.002786	0.001006	0.001566	145.0	0.0024	2.7679	1.5561	lam.	0.0290
0.3960	0.1100	1.4407	0.002158	0.000868	0.001375	126.8	0.0040	2.4865	1.5851	lam.	0.0223
0.3448	0.1081	1.4609	0.001933	0.000791	0.001259	114.7	0.0047	2.4426	1.5906	lam.	0.0206
0.2954	0.1032	1.4490	0.001701	0.000718	0.001150	102.6	0.0058	2.3675	1.6006	lam.	0.0185
0.2482	0.0958	1.4283	0.001591	0.000670	0.001073	93.0	0.0064	2.3725	1.5999	lam.	0.0177
0.2038	0.0862	1.3868	0.001457	0.000616	0.000987	82.8	0.0073	2.3630	1.6012	lam.	0.0166
0.1626	0.0752	1.3433	0.001331	0.000564	0.000904	73.0	0.0083	2.3592	1.6018	lam.	0.0155
0.1252	0.0634	1.2933	0.001214	0.000512	0.000820	63.5	0.0094	2.3691	1.6004	lam.	0.0146
0.0919	0.0514	1.2383	0.001103	0.000457	0.000729	54.1	0.0104	2.4120	1.5947	lam.	0.0138
0.0631	0.0399	1.1826	0.000984	0.000390	0.000616	44.3	0.0109	2.5266	1.5802	lam.	0.0135
0.0392	0.0296	1.1366	0.000714	0.000285	0.000451	32.0	0.0156	2.5063	1.5827	lam.	0.0113
0.0203	0.0208	1.1199	0.000357	0.000158	0.000256	17.3	0.0407	2.2538	1.6174	lam.	0.0070
0.0071	0.0132	1.0893	0.000307	0.000134	0.000217	10.6	0.0631	2.2866	1.6122	lam.	0.0056
0.0002	0.0064	0.7855	0.000066	0.000029	0.000048	1.7	0.0001	2.2364	1.6200	lam.	0.1414
0.0000	0.0000	0.5411	0.000001	0.000000	0.000001	0.0	0.0000	2.2364	1.6200	lam.	0.0000
0.0052	-0.0037	1.4722	0.000065	0.000029	0.000047	1.8	0.0001	2.2364	1.6200	lam.	0.1414
0.0147	-0.0025	1.2715	0.000718	0.001391	0.000375	176.9	0.0000	0.5161	0.2694	lam.	0.0000
0.0287	0.0029	1.0471	0.000718	0.001391	0.000375	145.7	0.0000	0.5161	0.2694	sep.	0.0000
0.0473	0.0113	0.9071	0.000718	0.001391	0.000375	126.2	0.0000	0.5161	0.2694	sep.	0.0000
0.0708	0.0215	0.8271	0.000718	0.001391	0.000375	115.1	0.0000	0.5161	0.2694	sep.	0.0000
0.0990	0.0327	0.7754	0.000718	0.001391	0.000375	107.9	0.0000	0.5161	0.2694	sep.	0.0000
0.1316	0.0444	0.7345	0.000718	0.001391	0.000375	102.2	0.0000	0.5161	0.2694	sep.	0.0000
0.1682	0.0560	0.7002	0.000718	0.001391	0.000375	97.4	0.0000	0.5161	0.2694	sep.	0.0000
0.2085	0.0668	0.6743	0.000718	0.001391	0.000375	93.8	0.0000	0.5161	0.2694	sep.	0.0000
0.2518	0.0761	0.6554	0.000718	0.001391	0.000375	91.2	0.0000	0.5161	0.2694	sep.	0.0000
0.2979	0.0834	0.6441	0.000718	0.001391	0.000375	89.6	0.0000	0.5161	0.2694	sep.	0.0000
0.3462	0.0882	0.6391	0.000718	0.001391	0.000375	88.9	0.0000	0.5161	0.2694	sep.	0.0000
0.3961	0.0900	0.6512	0.000718	0.001391	0.000375	90.6	0.0000	0.5161	0.2694	sep.	0.0000
0.4475	0.0894	0.6688	0.000718	0.001391	0.000375	93.1	0.0000	0.5161	0.2694	sep.	0.0000
0.4994	0.0872	0.6808	0.000718	0.001391	0.000375	94.7	0.0000	0.5161	0.2694	sep.	0.0000
0.5514	0.0836	0.6894	0.000718	0.001391	0.000375	95.9	0.0000	0.5161	0.2694	sep.	0.0000
0.6028	0.0785	0.7009	0.000718	0.001391	0.000375	97.5	0.0000	0.5161	0.2694	sep.	0.0000
0.6531	0.0721	0.7134	0.000718	0.001391	0.000375	99.3	0.0000	0.5161	0.2694	sep.	0.0000
0.7017	0.0646	0.7273	0.000718	0.001391	0.000375	101.2	0.0000	0.5161	0.2694	sep.	0.0000

0.7481	0.0562	0.7434	0.000718	0.001391	0.000375	103.4	0.0000	0.5161	0.2694	sep.	0.0000
0.7918	0.0471	0.7667	0.000718	0.001391	0.000375	106.7	0.0000	0.5161	0.2694	sep.	0.0000
0.8322	0.0379	0.7922	0.000718	0.001391	0.000375	110.2	0.0000	0.5161	0.2694	sep.	0.0000
0.8692	0.0290	0.8206	0.000718	0.001391	0.000375	114.2	0.0000	0.5161	0.2694	sep.	0.0000
0.9022	0.0210	0.8471	0.000718	0.001391	0.000375	117.9	0.0000	0.5161	0.2694	sep.	0.0000
0.9310	0.0143	0.8611	0.000718	0.001391	0.000375	119.8	0.0000	0.5161	0.2694	sep.	0.0000
0.9552	0.0089	0.8701	0.000718	0.001391	0.000375	121.1	0.0000	0.5161	0.2694	sep.	0.0000
0.9745	0.0049	0.8577	0.000718	0.001391	0.000375	119.3	0.0000	0.5161	0.2694	sep.	0.0000
0.9886	0.0021	0.8238	0.000718	0.001391	0.000375	114.6	0.0000	0.5161	0.2694	sep.	0.0000
0.9971	0.0005	0.6724	0.000718	0.001391	0.000375	93.6	0.0000	0.5161	0.2694	sep.	0.0000
1.0000	0.0000	0.1711	0.000718	0.001391	0.000375	23.8	0.0000	0.5161	0.2694	sep.	0.0000

α	Cl	Cd	Cm 0.25	T.U.	T.L.	S.U.	S.L.	L/D	A.C.	C.P.
[°]	[-]	[-]	[-]	[-]	[-]	[-]	[-]	[-]	[-]	[-]
-50.0	-0.014	0.72572	-0.105	0.501	0.005	0.501	0.037	-0.019	1.305	-7.271
-49.0	-0.014	0.70018	-0.104	0.501	0.005	0.502	0.037	-0.021	-12.611	-6.969
-48.0	-0.015	0.67175	-0.118	0.964	0.005	0.979	0.036	-0.022	-11.473	-7.647
-47.0	-0.016	0.65707	-0.118	0.964	0.005	0.979	0.036	-0.024	1.268	-7.297
-46.0	-0.016	0.63962	-0.117	0.963	0.005	0.979	0.036	-0.025	1.152	-6.975
-45.0	-0.017	0.63199	-0.116	0.963	0.005	0.979	0.035	-0.027	1.312	-6.639
-44.0	-0.018	0.60841	-0.116	0.963	0.005	0.979	0.035	-0.029	0.959	-6.310
-43.0	-0.018	0.57854	-0.115	0.962	0.005	0.979	0.035	-0.032	1.112	-6.009
-42.0	-0.019	0.56450	-0.114	0.962	0.005	0.979	0.034	-0.034	1.239	-5.676
-41.0	-0.020	0.54802	-0.114	0.961	0.005	0.979	0.033	-0.037	0.741	-5.371
-40.0	-0.021	0.52423	-0.113	0.961	0.005	0.979	0.033	-0.040	0.871	-5.092
-39.0	-0.022	0.51694	-0.112	0.960	0.005	0.979	0.032	-0.043	0.978	-4.787
-38.0	-0.023	0.48070	-0.112	0.959	0.005	0.979	0.031	-0.049	0.907	-4.508
-37.0	-0.025	0.46270	-0.111	0.959	0.005	0.979	0.030	-0.053	0.846	-4.223
-36.0	-0.026	0.44489	-0.110	0.958	0.005	0.978	0.030	-0.059	0.787	-3.962
-35.0	-0.028	0.49943	-0.109	0.957	0.005	0.979	0.029	-0.055	0.660	-3.698
-34.0	-0.029	0.48368	-0.109	0.955	0.005	0.979	0.028	-0.061	0.502	-3.465
-33.0	-0.031	0.45795	-0.108	0.954	0.005	0.979	0.028	-0.068	0.472	-3.233
-32.0	-0.033	0.43373	-0.108	0.952	0.005	0.979	0.028	-0.076	0.443	-3.018
-31.0	-0.035	0.41094	-0.107	0.951	0.004	0.979	0.027	-0.086	0.468	-2.806
-30.0	-0.037	0.37395	-0.107	0.950	0.004	0.979	0.026	-0.100	0.395	-2.603
-29.0	-0.040	0.35944	-0.107	0.949	0.004	0.979	0.026	-0.111	0.376	-2.416
-28.0	-0.043	0.32653	-0.106	0.948	0.004	0.979	0.026	-0.131	0.399	-2.233
-27.0	-0.046	0.31121	-0.106	0.947	0.004	0.979	0.025	-0.147	0.380	-2.060
-26.0	-0.049	0.28686	-0.105	0.946	0.004	0.980	0.024	-0.171	0.331	-1.897
-25.0	-0.053	0.27552	-0.105	0.945	0.004	0.979	0.024	-0.191	0.357	-1.748
-24.0	-0.057	0.24955	-0.105	0.944	0.004	0.979	0.023	-0.227	0.342	-1.600
-23.0	-0.061	0.23687	-0.105	0.943	0.004	0.979	0.023	-0.256	0.272	-1.472
-22.0	-0.065	0.22093	-0.104	0.942	0.004	0.979	0.023	-0.295	0.269	-1.354
-21.0	-0.070	0.20170	-0.104	0.941	0.003	0.979	0.023	-0.346	0.264	-1.247
-20.0	-0.074	0.19016	-0.104	0.939	0.003	0.979	0.022	-0.392	0.316	-1.151
-19.0	-0.079	0.17687	-0.104	0.938	0.003	0.979	0.021	-0.447	0.316	-1.062
-18.0	-0.083	0.16296	-0.104	0.937	0.003	0.979	0.021	-0.512	0.253	-0.993
-17.0	-0.087	0.14539	-0.104	0.934	0.003	0.979	0.021	-0.598	0.397	-0.943
-16.0	-0.089	0.13513	-0.103	0.929	0.002	0.980	0.020	-0.659	1.385	-0.905
-15.0	-0.089	0.12211	-0.102	0.925	0.002	0.980	0.018	-0.727	0.060	-0.896
-14.0	-0.085	0.11066	-0.102	0.921	0.003	0.981	0.018	-0.765	0.254	-0.956
-13.0	-0.075	0.09663	-0.102	0.917	0.004	0.981	0.018	-0.774	0.182	-1.112
-12.0	-0.057	0.08632	-0.100	0.913	0.005	0.981	0.016	-0.656	0.123	-1.519
-11.0	-0.027	0.09790	-0.096	0.908	0.005	0.981	0.013	-0.279	0.170	-3.250
-10.0	0.016	0.08173	-0.094	0.902	0.006	0.983	0.011	0.195	0.227	6.168
-9.0	0.075	0.07098	-0.093	0.894	0.006	0.984	0.011	1.063	0.236	1.488

-8.0	0.147	0.06057	-0.092	0.885	0.006	0.985	0.010	2.431	0.241	0.878
-7.0	0.230	0.05205	-0.092	0.878	0.006	0.985	0.010	4.417	0.245	0.650
-6.0	0.322	0.04393	-0.092	0.830	0.006	0.990	0.009	7.333	0.255	0.535
-5.0	0.421	0.03883	-0.093	0.778	0.007	0.990	0.010	10.853	0.270	0.471
-4.0	0.525	0.03495	-0.096	0.737	0.007	0.990	0.011	15.016	0.278	0.432
-3.0	0.629	0.03199	-0.099	0.703	0.008	0.990	0.012	19.677	0.283	0.407
-2.0	0.733	0.03013	-0.103	0.661	0.008	0.990	0.014	24.329	0.325	0.390
-1.0	0.836	0.02878	-0.114	0.625	0.009	0.990	0.024	29.037	0.314	0.387
0.0	1.157	0.00430	-0.130	0.537	0.011	0.990	0.045	269.043	0.547	0.362
1.0	1.269	0.00609	-0.243	0.436	0.018	0.989	0.998	208.455	0.765	0.442
2.0	1.379	0.00626	-0.244	0.422	0.023	0.988	0.998	220.519	2.131	0.427
3.0	1.192	0.02807	-0.099	0.012	0.989	0.011	0.990	42.471	0.261	0.333
4.0	1.567	0.01594	-0.246	0.005	0.990	0.981	0.992	98.272	0.587	0.407
5.0	1.633	0.01737	-0.248	0.003	0.990	0.979	0.993	93.996	0.275	0.402
6.0	1.672	0.01879	-0.249	0.002	0.991	0.977	0.994	88.972	0.748	0.399
7.0	1.357	0.04465	-0.110	0.002	0.992	0.016	0.996	30.395	0.712	0.331
8.0	1.335	0.05175	-0.093	0.001	0.993	0.007	0.998	25.787	0.549	0.320
9.0	1.290	0.05993	-0.090	0.001	0.996	0.006	0.998	21.517	0.273	0.320
10.0	1.223	0.06854	-0.090	0.002	0.997	0.005	0.997	17.845	0.227	0.324
11.0	1.141	0.08159	-0.094	0.001	0.997	0.006	0.998	13.984	0.201	0.332
12.0	1.049	0.08620	-0.099	0.001	0.997	0.008	0.998	12.175	0.194	0.344
13.0	0.954	0.09732	-0.104	0.001	0.998	0.010	0.998	9.806	0.199	0.359
14.0	0.860	0.10805	-0.108	0.002	0.998	0.012	0.998	7.963	0.219	0.376
15.0	0.771	0.12246	-0.110	0.002	0.998	0.013	0.998	6.294	0.228	0.392
16.0	0.688	0.13462	-0.112	0.001	0.998	0.014	0.998	5.110	0.214	0.413
17.0	0.606	0.15161	-0.116	0.001	0.998	0.015	0.999	3.994	0.218	0.441
18.0	0.517	0.16691	-0.118	0.002	0.998	0.016	0.999	3.100	0.240	0.478
19.0	0.443	0.18231	-0.117	0.001	0.998	0.016	0.999	2.428	0.238	0.515
20.0	0.380	0.20121	-0.119	0.001	0.999	0.017	0.999	1.889	0.226	0.564
21.0	0.328	0.22138	-0.120	0.000	0.999	0.017	0.999	1.480	0.226	0.617
22.0	0.284	0.24588	-0.122	0.000	0.999	0.018	0.999	1.154	0.212	0.679
23.0	0.247	0.27340	-0.123	0.000	0.999	0.018	0.999	0.903	0.226	0.749
24.0	0.216	0.30082	-0.123	0.000	0.998	0.018	0.999	0.718	0.228	0.822
25.0	0.190	0.32646	-0.124	0.000	0.998	0.018	0.999	0.581	0.217	0.906
26.0	0.168	0.34231	-0.125	0.000	0.998	0.018	0.998	0.489	0.220	0.996
27.0	0.149	0.37112	-0.126	0.000	0.998	0.018	0.998	0.400	0.195	1.095
28.0	0.132	0.38720	-0.127	0.000	0.998	0.019	0.999	0.342	0.153	1.208
29.0	0.119	0.41867	-0.129	0.000	0.998	0.019	0.998	0.283	0.138	1.334
30.0	0.107	0.46607	-0.130	0.000	0.998	0.020	0.998	0.229	0.075	1.468
31.0	0.096	0.45785	-0.132	0.000	0.998	0.021	0.998	0.210	-0.016	1.626
32.0	0.087	0.47578	-0.135	0.000	0.998	0.023	0.998	0.183	-0.044	1.797
33.0	0.079	0.49328	-0.137	0.000	0.998	0.025	0.998	0.161	-0.072	1.982
34.0	0.072	0.52048	-0.140	0.000	0.998	0.026	0.998	0.139	-0.059	2.180
35.0	0.066	0.53465	-0.141	0.000	0.998	0.027	0.998	0.124	-0.040	2.384
36.0	0.061	0.55186	-0.143	0.000	0.998	0.028	0.998	0.110	-0.070	2.601
37.0	0.056	0.59468	-0.145	0.000	0.998	0.029	0.998	0.094	-0.101	2.831
38.0	0.052	0.62146	-0.146	0.000	0.998	0.031	0.998	0.083	-0.071	3.074
39.0	0.048	0.62651	-0.147	0.000	0.998	0.031	0.998	0.077	-0.168	3.321
40.0	0.045	0.67190	-0.149	0.000	0.998	0.033	0.998	0.066	-0.208	3.602
41.0	0.041	0.68715	-0.150	0.000	0.998	0.033	0.998	0.060	-0.078	3.874
42.0	0.039	0.70749	-0.151	0.000	0.998	0.034	0.998	0.055	3.106	4.159
43.0	0.036	0.73223	-0.135	0.000	0.552	0.034	0.553	0.049	3.438	3.987
44.0	0.034	0.75763	-0.136	0.000	0.552	0.035	0.553	0.045	-0.114	4.260
45.0	0.032	0.79177	-0.137	0.000	0.552	0.035	0.553	0.040	-0.139	4.545
46.0	0.030	0.83213	-0.138	0.000	0.552	0.036	0.553	0.036	-0.049	4.838
47.0	0.028	0.82854	-0.138	0.000	0.552	0.036	0.553	0.034	-0.064	5.128
48.0	0.027	0.87510	-0.139	0.000	0.552	0.036	0.553	0.031	-0.080	5.440
49.0	0.025	0.87610	-0.139	0.000	0.552	0.036	0.553	0.029	0.056	5.745

Strömungswirklichkeit mit linearer Geschwindigkeitsverteilung

MARCONI

Traglinie	Profiltiefen	Sektorenflächen	Dichte	projFläche	v-travel 1	v-travel 2	v-gas 1	v-gas2	v-ue	CL-Lift	dLift	CW	dWake	CR	dFric	CIRC
	t [m]	dA [m2]	kg/m3	dAp [m2]	m/s	m/s	m/s	m/s	m/s		N		N		N	m2/s
SW	2,8	0	1,2	0	3	5	0		3	1,35	0	0,056	0	0,0013	0	5,67
S1	2,2	2,5	1,2	0,01	3	5	2		5	1,35	42,1875	0,056	0,0084	0,0013	0,0975	7,425
S2	1,7	1,95	1,2	0,01	3	5	4		7	1,35	64,49625	0,056	0,016464	0,0013	0,149058	8,0325
S3	1,1	1,4	1,2	0,01	3	5	6		9	1,35	76,545	0,056	0,027216	0,0013	0,176904	6,6825
S4	0,6	0,85	1,2	0,01	3	5	8		11	1,35	69,42375	0,056	0,040656	0,0013	0,160446	4,455
ST	0	0,3	1,2	0,01	3	5	10		13	1,35	34,2225	0,056	0,056784	0,0013	0,079092	0
Total		7									286,875		0,14952		0,663	

NINIGO

Traglinie	Profiltiefen	Sektorenflächen	Dichte	projFläche	v-travel 1	v-travel 2	v-gas 1	v-gas2	v-ue	CL-Lift	dLift	CW	dWake	CR	dFric	CIRC
	t [m]	dA [m2]	kg/m3	dAp [m2]	m/s	m/s	m/s	m/s	m/s		N		N		N	m2/s
SW	0	0	1,2	0	3	5	0		3	1,35	0	0,056	0	0,0013	0	0
S1	1,4	1,4	1,2	0,01	3	5	2		5	1,35	23,625	0,056	0,0084	0,0013	0,0546	4,725
S2	1,4	1,4	1,2	0,01	3	5	4		7	1,35	46,305	0,056	0,016464	0,0013	0,107016	6,615
S3	1,4	1,4	1,2	0,01	3	5	6		9	1,35	76,545	0,056	0,027216	0,0013	0,176904	8,505
S4	1,4	1,4	1,2	0,01	3	5	8		11	1,35	114,345	0,056	0,040656	0,0013	0,264264	10,395
ST	1,4	1,4	1,2	0,01	3	5	10		13	1,35	159,705	0,056	0,056784	0,0013	0,369096	12,285
Total		7									420,525		0,14952		0,97188	

TongaSprit

Traglinie	Profiltiefen	Sektorenflächen	Dichte	projFläche	v-travel 1	v-travel 2	v-gas 1	v-gas2	v-ue	CL-Lift	dLift	CW	dWake	CR	dFric	CIRC
	t [m]	dA [m2]	kg/m3	dAp [m2]	m/s	m/s	m/s	m/s	m/s		N		N		N	m2/s
SW	0	0	1,2	0	3	5	0		3	1,35	0	0,056	0	0,0013	0	0
S1	0,6	0,3	1,2	0,01	3	5	2		5	1,35	5,0625	0,056	0,0084	0,0013	0,0117	2,025
S2	1,1	0,85	1,2	0,01	3	5	4		7	1,35	28,11375	0,056	0,016464	0,0013	0,064974	5,1975
S3	1,7	1,4	1,2	0,01	3	5	6		9	1,35	76,545	0,056	0,027216	0,0013	0,176904	10,328
S4	2,2	1,95	1,2	0,01	3	5	8		11	1,35	159,26625	0,056	0,040656	0,0013	0,368082	16,335
ST	2,8	2,5	1,2	0,01	3	5	10		13	1,35	285,1875	0,056	0,056784	0,0013	0,6591	24,57
Total		7									554,175		0,14952		1,28076	

MARCONI + logarithm. GeschwindigkeitsModll

Traglinie	Profiltiefen	Sektorenflächen	Dichte	projFläche	v-travel 1	v-gas 1	v-ue	CL-Lift	dLift	CW	dWake	CR	dFric	CIRC
	t [m]	dA [m2]	kg/m3	dAp [m2]	m/s	m/s	m/s		N		N		N	m2/s
SW	2,8	0	1,2	0	3	0	3	1,35	0	0,056	0	0,0013	0	5,67
S1	2,2	2,5	1,2	0,01	3	6,6	9,6	1,35	155,52	0,056	0,03096576	0,0013	0,359424	14,256
S2	1,7	1,95	1,2	0,01	3	7,7	10,7	1,35	150,69746	0,056	0,03846864	0,0013	0,3482786	12,278
S3	1,1	1,4	1,2	0,01	3	8,2	11,2	1,35	118,5408	0,056	0,04214784	0,0013	0,273961	8,316
S4	0,6	0,85	1,2	0,01	3	8,6	11,6	1,35	77,2038	0,056	0,04521216	0,0013	0,1784266	4,698
ST	0	0,3	1,2	0,01	3	8,9	11,9	1,35	28,676025	0,056	0,04758096	0,0013	0,0662735	0
Total		7		0,05					530,63809		0,20437536		1,2263636	

TongaSprit + logarithmisches Modell

Traglinie	Profiltiefen	Sektorenflächen	Dichte	projFläche	v-travel 1	v-gas 1	v-ue	CL-Lift	dLift	CW	dWake	CR	dFric	CIRC
	t [m]	dA [m2]	kg/m3	dAp [m2]	m/s	m/s	m/s		N		N		N	m2/s
SW	0	0	1,2	0	3	0	3	1,35	0	0,056	0	0,0013	0	0
S1	0,6	0,3	1,2	0,01	3	6,6	9,6	1,35	18,6624	0,056	0,03096576	0,0013	0,0431309	3,888
S2	1,1	0,85	1,2	0,01	3	7,7	10,7	1,35	65,688638	0,056	0,03846864	0,0013	0,1518137	7,9448
S3	1,7	1,4	1,2	0,01	3	8,2	11,2	1,35	118,5408	0,056	0,04214784	0,0013	0,273961	12,852
S4	2,2	1,95	1,2	0,01	3	8,6	11,6	1,35	177,1146	0,056	0,04521216	0,0013	0,4093315	17,226
ST	2,8	2,5	1,2	0,01	3	8,9	11,9	1,35	238,96688	0,056	0,04758096	0,0013	0,552279	22,491
Total		7		0,05					618,97331		0,20437536		1,4305161	

NINIGO + logarithmisches Modell

Traglinie	Profiltiefen	Sektorenflächen	Dichte	projFläche	v-travel 1	v-gas 1	v-ue	CL-Lift	dLift	CW	dWake	CR	dFric	CIRC
	t [m]	dA [m2]	kg/m3	dAp [m2]	m/s	m/s	m/s		N		N		N	m2/s
SW	0	0	1,2	0	3	0	3	1,35	0	0,056	0	0,0013	0	0
S1	1,4	1,4	1,2	0,01	3	6,6	9,6	1,35	87,0912	0,056	0,03096576	0,0013	0,2012774	9,072
S2	1,4	1,4	1,2	0,01	3	7,7	10,7	1,35	108,19305	0,056	0,03846864	0,0013	0,2500462	10,112
S3	1,4	1,4	1,2	0,01	3	8,2	11,2	1,35	118,5408	0,056	0,04214784	0,0013	0,273961	10,584
S4	1,4	1,4	1,2	0,01	3	8,6	11,6	1,35	127,1592	0,056	0,04521216	0,0013	0,293879	10,962
ST	1,4	1,4	1,2	0,01	3	8,9	11,9	1,35	133,82145	0,056	0,04758096	0,0013	0,3092762	11,246
Total		7		0,05					574,8057		0,20437536		1,3284398	